FREIE UND BEDECKTE ABLATION

(Aus dem Meteorologischen Institut der Universität München, Leitung: Professor Dr. F. Möller)

Von

HELMUT KRAUS, München

Mit 24 Textabbildungen und 10 Ablationsdiagrammen im Anhang

INHALT

Liste der verwendeten Zeichen und Einheiten
Zusammenfassung
Summary
Einleitung

1. Gleichungen zur Berechnung der Ablation
   A. Die Energiehaushaltsgleichung
   B. Die freie Ablation
   C. Die bedeckte Ablation

2. Die Ablationsdiagramme
   A. Die Berechnung der Diagramme
   B. Die Erläuterung der Diagramme

3. Die Gletscher und die glazialen Kleinablationsformen im Gebiet des Mount Everest
Literatur
Anhang (10 Ablationsdiagramme)

LISTE DER VERWENDETEN ZEICHEN UND EINHEITEN

Q	Strahlungsbilanz der Oberfläche	mcal cm^{-2} min^{-1}
L	Strom fühlbarer Wärme aus der Luft zur Oberfläche	mcal cm^{-2} min^{-1}
V	Strom latenter Wärme des Wasserdampfes aus der Luft zur Oberfläche	mcal cm^{-2} min^{-1}
B	Änderung der fühlbaren Wärme unter der Oberfläche pro Zeit- und Flächeneinheit	mcal cm^{-2} min^{-1}
S	Beim Gefrieren von Wasser frei werdende (S positiv) oder beim Schmelzen von Eis verbrauchte (S negativ) Wärme pro Zeit- und Flächeneinheit	mcal cm^{-2} min^{-1}
G	Globalstrahlung	mcal cm^{-2} min^{-1}
A	Langwellige atmosphärische Gegenstrahlung	mcal cm^{-2} min^{-1}
a	Albedo der Oberfläche, das ist ihr Reflexionsvermögen für kurzwellige Strahlung	—
a_B	Albedo der Oberfläche des bedeckenden Materials	—
a_E	Albedo der Eisoberfläche	—
c	Spezifische Wärme des Materials unter der Oberfläche	cal g^{-1} grd^{-1}
c_p	Spezifische Wärme der Luft bei konstantem Druck	cal g^{-1} grd^{-1}
d	Durchmesser eines Kreiszylinders	cm
e_L	Wasserdampfdruck in der Höhe über dem Erdboden, für die die Wärmeübergangszahl α_L gilt (2 m)	Torr
E_L	Sättigungsdruck des Wasserdampfes bei der Lufttemperatur ϑ_L	Torr
E_0	Sättigungsdruck des Wasserdampfes bei der Temperatur der Oberfläche ϑ_0	Torr
E_{0E}	E_0 in Bezug auf Eis	Torr
E_{0W}	E_0 in Bezug auf Wasser	Torr

ISBN 978-3-662-23679-6   ISBN 978-3-662-25767-8 (eBook)
DOI 10.1007/978-3-662-25767-8

E'	Sättigungsdruck des Wasserdampfes bei der Temperatur des feuchten Thermometers ϑ'	Torr
f	$= e_L/E_{LW}$ = relative Luftfeuchtigkeit	—
M	Zunahme der Eismasse in der Zeiteinheit angegeben in der entsprechenden Schichtdicke des Wassers	mm h^{-1}
p	Luftdruck	Torr
r	Verdampfungswärme von Wasser oder Eis	cal g^{-1}
r_W	Verdampfungswärme des Wassers	cal g^{-1}
r_E	Verdampfungswärme des Eises	cal g^{-1}
r_S	Schmelzwärme des Eises	cal g^{-1}
t	Zeit	z. B. min
T_0	Absolute Temperatur der Oberfläche	°K
T_L	Absolute Lufttemperatur in 2 m Höhe über dem Erdboden	°K
v	Windgeschwindigkeit	m s^{-1}
W	$= V/r$ = Wasserdampfstrom	g cm^{-2} min^{-1}
z	Tiefe unter der Oberfläche	cm
Δz	Schichtdicke des Materials, das das Eis bedeckt	cm
α_L	Wärmeübergangzahl für den Wärmeübergang zwischen Luft und Oberfläche	mcal cm^{-2} min^{-1} grd^{-1}
β	$= \lambda/\Delta z$ Wärmedurchgangszahl des Materials, das das Eis bedeckt	mcal cm^{-2} min^{-1} grd^{-1}
ϑ	Temperatur des Materials unter der Oberfläche	°C
ϑ_0	Temperatur der Oberfläche	°C
ϑ_L	Lufttemperatur in der Höhe über dem Erdboden, für die die Wärmeübergangzahl α_L gilt (2 m)	°C
$\vartheta_{\Delta z}$	Temperatur des Eises an seiner Oberfläche unter der Δz dicken Schicht des bedeckenden Materials	°C
ϑ'	Temperatur des feuchten Thermometers	°C
λ	Wärmeleitfähigkeit des Materials, das das Eis bedeckt	mcal cm^{-1} min^{-1} grd^{-1}
ρ	Dichte des Materials unter der Oberfläche; an anderer Stelle: Dichte des Wassers	g cm^{-3}
σ	Stefan-Boltzmannsche Konstante	mcal cm^{-2} min^{-1} grd^{-4}

ZUSAMMENFASSUNG

Die Abtragung (Ablation) von frei zu Tage tretendem und von mit anderen Stoffen – bei Gletschern mit Obermoräne – bedecktem Schnee oder Eis geschieht durch physikalische Vorgänge, die sich durch Gleichungen beschreiben lassen. Die Ablationsbeträge können berechnet werden, sind aber von so vielen Parametern abhängig, daß sich der ganze Zusammenhang der Ablationsvorgänge nicht in einem einzigen Diagramm darstellen läßt. In Kapitel 2 und im Anhang wird deshalb eine Reihe von Diagrammen gezeigt, die die Abhängigkeit der Ablation von den einzelnen meteorologischen Faktoren und – bei bedeckter Ablation – von der Wärmedurchgangszahl des bedeckenden Materials erkennen lassen. Die Unterschiede zwischen freier und bedeckter Ablation werden besonders deutlich. Aus den Diagrammen lassen sich auch die Beträge der durch andere Vorgänge herbeigeführten selektiven Ablation entnehmen; über die Wärmehaushaltsgleichung ist die Deutung dieser Vorgänge möglich.

Das 3. Kapitel bringt viele Bilder von den Gletschern und den glazialen Kleinablationsformen im Gebiet des Mount Everest. Die auf ihnen gezeigten Erscheinungen werden durch die in den ersten beiden Kapiteln vorausgehenden physikalischen Betrachtungen verständlich.

SUMMARY

Free and covered ablation. The ablation of ice that is either free and open to the air or covered with other materials (with sand, rubble or boulders; on glaciers with moraines) comes to pass by physical processes, that can be described by equations. The amount of the ablation can be calculated, but depends on so many parameters, that it is not possible to show all connections of the ablation processes in one single diagram. Therefore in chapter 2 and in the appendix many diagrams are shown, that represent the dependence of the ablation on the different meteorological factors and–in case of covered ablation–on the heat transmission coefficient of the covering material. The differences between free and covered ablation become especially clear. From these diagrams, too, one can take the amounts of selective ablation that is caused by other processes than by the difference in the covering. By using the equation of energy balance it is possible to interprete these processes.

The third chapter shows many illustrations about the glaciers and the small glacial forms of ablation in the environs of the Mt. Everest. The phenomenons shown on these photographs become intelligible by the physical considerations of the first and the second chapter.

EINLEITUNG

Die Abtragung von Schnee und Eis nennt man Ablation; sie erfolgt vor allem durch Schmelzen und Verdunsten. Andere Ablationsvorgänge, wie etwa das Verwehen lockeren Schnees durch den Wind oder die Abtragung durch fließendes Wasser, sollen im Folgenden nicht mitbetrachtet werden. Auch wird weiterhin nur von Eis gesprochen, wenn von irgendeiner Form der festen Phase des Wassers die Rede ist.

Die Abtragung von frei zu Tage tretendem Eis wird als »freie Ablation« bezeichnet. Die Abtragung von Eis, das mit anderen Stoffen – meist Sand oder Schutt oder Felstrümmern – bedeckt ist, nennt man »bedeckte Ablation«. Diese Unterscheidung geht auf C. Troll [8] zurück, der auf ihr eine Systematik der Ablationsformen aufbaute.

Die Ablation ist von den meteorologischen Faktoren abhängig, so von der Sonnen- und Himmelsstrahlung, der atmosphärischen Gegenstrahlung, der Lufttemperatur, der Luftfeuchtigkeit und der Windgeschwindigkeit. Der funktionelle Zusammenhang zwischen der Masse des abgetragenen Eises und den meteorologischen Faktoren läßt sich mathematisch beschreiben. Der Formalismus erlaubt die Berechnung der Ablation, wenn außer den meteorologischen Bedingungen auch noch die Werte von Albedo, Temperatur und Wärmeleitfähigkeit des Eises und (bei bedeckter Ablation) des bedeckenden Materials bekannt sind.

Die Ablation kann an verschiedenen eng benachbarten Stellen einer Eisoberfläche ganz unterschiedlich sein. Es ergeben sich von Ort zu Ort andere Ablationsmassen und -höhen, so daß ursprünglich ebene Eis- oder Schneeoberflächen in eine Fülle von glazialen Kleinformen aufgelöst werden. Beispiele dafür sind die vielen Formen des Büßerschnees (Schnee- und Eispenitentes), die Schmelzschalen, die wabenförmigen Strukturen, Schmelz- oder Kryokonitlöcher, Gletschertische, Gletscherpilze und Ablationskegel. Diese unterschiedliche, selektive Ablation hat verschiedene Ursachen, von denen es abhängt, welche der genannten Formen entstehen:

Die Albedo der Eisoberfläche kann sich von Ort zu Ort ändern, so daß verschieden große Energiebeträge von absorbierter Sonnen- und Himmelsstrahlung zum Schmelzen und Verdunsten zur Verfügung stehen.

Eine zweite Ursache sind von Ort zu Ort verschiedene Wärmeübergangszahlen zwischen der Luft und dem Eis [3]. Dieser Effekt tritt aber nur auf, wenn schon Unregelmäßigkeiten der Oberfläche vorhanden sind; diese können sich dann verstärken.

Bei unterschiedlicher Windpressung von Schnee entstehen Dichteunterschiede. Der Schnee verliert an den Stellen geringerer Dichte schneller an Höhe, obwohl anfangs die Ablationsmassen überall gleich sind.

Freies und bedecktes Eis werden verschieden schnell abgetragen. Eine sehr dünne Schicht des bedeckenden Materials bewirkt in vielen Fällen ein stärkeres Abschmelzen des darunter liegenden Eises als bei freier Ablation. Eine dicke Schicht verursacht dagegen ein viel langsameres Abschmelzen, als wenn das Eis frei zu Tage tritt. Freie und bedeckte Ablation können so, wenn sie eng benachbart wirksam werden, die Ursache von glazialen Kleinformen (Schmelzlöcher, Gletschertische, Ablationskegel) sein.

Genauso sind auch unterschiedliche Art und Dicke der Bedeckung Ursachen für selektive Ablation.

Eine Systematik der Formen nach ihrer Entstehung [8] enthält die Schwierigkeit, daß die Bildungsvorgänge oft sehr mannigfaltig sind. Ist zum Beispiel eine erste Aufgliederung einer Schneedecke durch Rippelmarken oder unterschiedliche Windpressung erfolgt, so können dann auf Grund dieser Gliederung Unterschiede in der Wärmeübergangszahl oder Albedo wirksam werden. Die Entstehung der Eispenitentes auf dem Khumbu-Gletscher, wie sie in Kapitel 3 beschrieben wird, ist ein weiteres Beispiel für die vielfachen Möglichkeiten, die bei der Bildung der glazialen Kleinformen offenstehen und den Beobachter in Staunen versetzen und zum Nachdenken anregen.

Die Beobachtungen der Oberflächenformen und der glazialen Kleinformen auf den Gletschern des Mount-Everest-Gebietes – von März bis Mai 1963 im Rahmen der meteorologischen Arbeiten der 6. Arbeitsgruppe des Forschungsunternehmens Nepal-Himalaya – gaben die Anregung zu dieser Arbeit. Die Talgletscher des Gebietes sind größtenteils mit Schutt (Obermoräne) bedeckt. Man hat nicht so sehr den Eindruck von Eisströmen, vielmehr meint man, es seien Schuttströme (Abb. 6, 7 und 8). Die Gletscheroberflächen sind äußerst uneben und inhomogen; sie bestehen aus vielen Hügeln und Mulden, deren Hänge oft 20 m hoch und vielfach sehr steil, aber fast überall mit Schutt bedeckt sind. An manchen Stellen ist der Schutt von den Hängen abgerutscht, es tritt hier blankes Eis zutage, oft als kleine Eiswand ausgebildet. In den Mulden können sich kleine Seen bilden, die besonders deutlich werden auf der Everest-Karte vom Jahre 1957 [11]. Das Abschmelzen des Eises unter dieser äußerst inhomogenen Schuttdecke erfolgt nach den Gesetzen der bedeckten Ablation. Sehr mannigfaltige Vorgänge findet man im mittleren Teil des Khumbu-Gletschers (»weißer Teil« in Abb. 8) unterhalb des Eisbruches. Hier trifft man bis zu 30 m hohe Eistürme (Abb. 11, 12 und 15) an, deren Oberflächen deutliche Wabenstrukturen aufweisen. Die Gletscheroberfläche ist nur sehr dünn mit Schutt bedeckt, durch den etwa 1 m hohe Eispenitentes – auch Zackenfirn genannt – herausragen. Es gibt hier auch Gletschertische und Schmelzlöcher. In diesem Gebiet liegen freie und bedeckte Ablation eng nebeneinander, und das Wechselspiel zwischen beiden ist verantwortlich für den Reichtum an glazialen Formen.

Die Berechnung der abgetragenen Eismassen bei freier und bedeckter Ablation – in Abhängigkeit von den meteorologischen Faktoren und von den Werten der Albedo, Wärmeleitfähigkeit und Temperatur des Eises und des bedeckenden Materials – kann zu einem tieferen Verständnis der Beobachtungen führen. So sollen in dieser Arbeit die Gesetze der freien und bedeckten Ablation formuliert werden. Sie erlauben die Berechnung von Diagrammen, aus denen die Abnahme der Eismasse für freie und bedeckte Ablation hervorgeht; und schließlich ermöglichen diese Diagramme eine Deutung der beobachteten glazialen Formen.

Meinem Expeditionskameraden Herrn Konrad Häckl danke ich für die vielen fruchtbaren Diskussionen bei der Begehung der Gletscher und bei der Auswertung der Beobachtungen.

1. Gleichungen zur Berechnung der Ablation

A. Die Energiehaushaltsgleichung

Der Energiesatz erlaubt es, eine Gleichung aufzustellen, die die zu einer Fläche oder von ihr weg fließenden Energieströme beschreibt. Eine Fläche besitzt keine Wärmekapazität. Der Energiesatz verlangt daher für sie, daß die auf sie auftreffende Energie gleichzeitig und vollständig wieder abfließt. Die zur Fläche hin gerichteten Ströme werden hier positiv, die von ihr weg gerichteten negativ gerechnet. Daraus und aus dem Energiesatz folgt, daß die Summe aller am Energiehaushalt der Fläche beteiligten Energieströme Null sein muß.

Der Energiehaushalt der Erdoberfläche und so auch einer Eis- oder Schutt- oder Felsoberfläche wird im wesentlichen durch die 4 Energieströme Strahlungsbilanz Q, Strom fühlbarer Wärme aus der Luft L, Strom latenter Wärme des Wasserdampfes aus der Luft V und Wärmestrom aus dem Erdboden bzw. aus dem Eis, Schutt oder Fels bestimmt. Den letzteren kann man aufteilen: S sei der Anteil, der für Schmelzen und Gefrieren von Eis bzw. Wasser benötigt wird; ein positives S bedeutet Gefrieren von Wasser, ein negatives S bedeutet Schmelzen von Eis. B – der zweite Anteil des Wärmestromes aus dem Erdboden – wird zur Temperaturänderung unter der Oberfläche verwendet. Diese Energieströme besitzen die Dimension Energie/Fläche · Zeit und werden in dieser Arbeit in mcal cm^{-2}min^{-1} angegeben. Da die Summe der 5 genannten Energieströme Null sein muß, gilt als Energiehaushaltsgleichung der Oberfläche

$$Q + (B + S) + L + V = 0. \tag{1}$$

Dabei sind folgende Beziehungen gültig:

$$Q = (1-a) G + A - \sigma T_0^4 \tag{2}$$

mit G = Globalstrahlung, a = Albedo der Oberfläche (das ist ihr Reflexionsvermögen für kurzwellige Strahlung), T_0 = absolute Temperatur der Oberfläche, σ = STEFAN-BOLTZMANNsche Konstante = $0{,}826 \cdot 10^{-10}$ cal cm^{-2} min^{-1} grd^{-4}, A = langwellige atmosphärische Gegenstrahlung. Für A gilt bei wolkenlosem Himmel die Formel von A. ÅNGSTRÖM [2, S. 21]:

$$A = \sigma T_L^4 \left[0{,}82 - 0{,}25 \, exp\left(-\frac{0{,}29 \, e_L}{Torr}\right) \right] \tag{3}$$

mit T_L = absolute Lufttemperatur, e_L = Wasserdampfdruck, beide in 2 m Höhe über dem Erdboden. In Gl. (2) für die Strahlungsbilanz Q ist die Annahme enthalten, daß das Reflexionsvermögen der Oberfläche für langwellige Strahlung Null ist. Im allgemeinen liegt der Wert dieser Größe bei natürlichen Oberflächen unter 5%, bei Neuschnee oft unter 1% [2, S. 13]. Da sich außerdem die Berücksichtigung dieses kleinen Wertes bei den letzten beiden Termen von (2) zum überwiegenden Teil wieder aufheben würde, bewirkt die Vernachlässigung des langwelligen Reflexionsvermögens nur einen sehr kleinen Fehler in Q.

B läßt sich über die Wärmevorratsänderung unter der Oberfläche berechnen:

$$B = -\int_0^z \rho c \frac{\partial \vartheta}{\partial t} dz. \tag{4}$$

ρ = Dichte des Materials unter der Oberfläche, c = spez. Wärme dieses Materials (Eis, Fels, Boden), ϑ = Temperatur dieses Materials, t = Zeit, z = Tiefe unter der Oberfläche. ρc und ∂ϑ/∂t sind von z abhängig. Die Integration muß bis zu der Tiefe z geführt werden, von der an sich ϑ mit t nur noch so wenig ändert, daß das Integral über noch tiefere Schichten nur einen vernachlässigbar kleinen Beitrag zu B liefert. Die Berechnungen in dieser Arbeit (Kapitel 2) erfolgen nur für stationäre Verhältnisse (∂/∂t = 0). Deshalb kann der Anteil B des Wärmestromes aus dem Erdboden in den folgenden Betrachtungen gleich Null gesetzt werden.

$$L = \alpha_L (\vartheta_L - \vartheta_0) \tag{5}$$

mit α_L = Wärmeübergangszahl (für den Wärmeübergang zwischen Luft und Oberfläche), ϑ_0 = Temperatur der Oberfläche, ϑ_L = Lufttemperatur in der Höhe über der Oberfläche, für die α_L gilt – das ist in dieser Arbeit bei den zu betrachtenden horizontalen Bodenoberflächen die Höhe von 2,0 m –.

$$V = \alpha_L \frac{0{,}623 \, r}{p \, c_p} (e_L - E_0) \tag{6}$$

mit r = Verdampfungswärme des Wassers (r_W) oder des Eises (r_E), p = Luftdruck, c_p = spezifische Wärme der Luft bei konstantem Druck, e_L = Wasserdampfdruck in der Höhe über dem Erdboden, für die die Wärmeübergangszahl α_L gilt (2 m), E_0 = Sättigungsdruck des Wasserdampfes bei der Temperatur der Oberfläche; E_{0E} ist dieser Sättigungsdampfdruck in bezug auf Eis, E_{0W} in bezug auf Wasser.

Mit diesem Energiestrom V ist ein Wasserdampfstrom W verbunden:

$$W = \frac{V}{r}. \tag{7}$$

Das ist bei negativem V der Strom des verdunstenden, bei positivem V der Strom des (z. B. als Tau oder Reif) kondensierenden Wassers oder Eises. Bei Eisverdunstung oder -kondensation ist $r = r_E$, bei Wasserverdunstung oder -kondensation ist $r = r_W$. Mit r_S wird die Schmelzwärme des Eises bezeichnet, und es gilt:

$$r_E = r_W + r_S. \tag{8}$$

B. Die freie Ablation

Mit Hilfe der Gln. (1) bis (6) läßt sich der Energiehaushalt irgendeiner Oberfläche beschreiben, so auch der Energiehaushalt einer Eisoberfläche. Nach G. HOFMANN [3] kann man für eine Eisoberfläche 5 Bereiche mit verschiedenen Vorgängen unterscheiden: Eisverdunstung, Reifbildung, Verdunstung und Schmelzen, Kondensation und Schmelzen, Kondensation und Gefrieren. Die beiden ersten sind Vorgänge bei nichtschmelzender Oberfläche, die drei anderen sind Vorgänge bei schmelzender Oberfläche.

Nichtschmelzende Oberfläche: An der Oberfläche befindet sich Eis. Es gelten dabei folgende Bedingungen:

$$\vartheta_0 \leqslant 0°C; \; E_0 = E_{0E}; \; r = r_E; \; S = 0. \tag{9}$$

Bei Eisverdunstung ist $e_L < E_{0E}$, bei Reifbildung ist $e_L > E_{0E}$.

Mit a_E = Albedo der Eisoberfläche gilt nun als Energiehaushaltsgleichung der nichtschmelzenden Eisoberfläche

$$(1-a_E)G + A - \sigma T_0^4 + \alpha_L(\vartheta_L - \vartheta_0) + \alpha_L \frac{0{,}623\, r_E}{p\, c_p}(e_L - E_{0E}) = 0. \tag{10}$$

Die Zunahme der Eismasse in der Zeiteinheit angegeben in der entsprechenden Schichtdicke des Wassers (z. B. in mm h^{-1}) wird M genannt. Positive M-Werte ergeben sich bei Reifbildung. Negative M-Werte bedeuten Ablation, die bei nichtschmelzender Oberfläche nur durch Eisverdunstung bewirkt wird. M ist so proportional dem Wasserdampfstrom W:

$$M = \frac{1}{\rho} W = \frac{1}{\rho} \frac{V}{r_E} = \frac{1}{\rho} \alpha_L \frac{0{,}623}{p\, c_p}(e_L - E_{0E}), \tag{11}$$

wobei ρ die Dichte des Wassers ist. Kennt man aus der Energiehaushaltsgleichung (10) das Glied V, so kann man bei Reifbildung als positives M die gebildete Reifmenge, bei Eisverdunstung als Betrag des negativen M die gesamte Ablation berechnen.

Schmelzende Oberfläche: An der Oberfläche befindet sich Wasser. Es gelten dabei folgende Bedingungen:

$$\vartheta_0 = 0°C; \; E_0 = 4{,}58\; Torr; \; r = r_W; \tag{12}$$

Bei Verdunstung und Schmelzen: $e_L < 4{,}58$ Torr; $S < 0$
bei Kondensation und Schmelzen: $e_L > 4{,}58$ Torr; $S < 0$
bei Kondensation und Gefrieren: $e_L > 4{,}58$ Torr; $S > 0$.

Die Energiehaushaltsgleichung der schmelzenden Eisoberfläche lautet nun:

$$(1-a_E)G + A - \sigma T_0^4 + \alpha_L(\vartheta_L - \vartheta_0) + \alpha_L \frac{0{,}623\, r_W}{p\, c_p}(e_L - E_0) = -S. \tag{13}$$

In den 5 Bereichen nach G. HOFMANN [3] findet Ablation nur bei Eisverdunstung, bei Verdunstung und Schmelzen und bei Kondensation und Schmelzen statt. Bei den Ablations-Betrachtungen dieser Arbeit sind daher nur diese 3 Bereiche von Interesse. Schmelzen ist gegeben bei negativen Werten von S. M ist wegen

$$M = \frac{1}{\rho}\frac{S}{r_S} \qquad (14)$$

dann auch negativ, was Ablation bedeutet. Gl. (14) beschreibt die gesamte Ablation bei negativen S-Werten, wenn man annimmt, daß das aus Kondensation und Schmelzen entstehende Wasser sofort abfließt. Der Wasserdampfstrom W geht in Gl. (14) nicht ein: Bei Verdunstung muß alles was verdunstet vorher geschmolzen werden; deshalb ist in S/r_S alles Eis enthalten, was abfließt und verdunstet. Bei Kondensation fließt die kondensierte Masse gleich wieder ab, leistet also keinen Beitrag zur Änderung der Eismasse.

Grenze zwischen nichtschmelzender und schmelzender Oberfläche:
Sie ist durch folgende Bedingungen charakterisiert:

$$\vartheta_0 = 0°C; \ E_0 = 4{,}58 \ Torr; \ r = r_E; \ S = 0. \qquad (15)$$

Die Energiehaushaltsgleichung an dieser Grenze lautet:

$$(1-a_E)G + A - \sigma T_0^4 + \alpha_L(\vartheta_L - \vartheta_0) + \alpha_L \frac{0{,}623\, r_E}{p\, c_p}(e_L - E_0) = 0. \qquad (16)$$

Die Ablation ergibt sich aus $\qquad M = \frac{1}{\rho}\frac{V}{r_E}. \qquad (17)$

An der Oberfläche befindet sich Eis [3], das besagt die Bedingung $r = r_E$. Die Bedingungen $\vartheta_0 = 0°C$; $E_0 = 4{,}58$ Torr, $r = r_W$ und $S = 0$ können bei $e_L < 4{,}58$ Torr (Verdunstung) nicht erfüllt werden, da hierbei Wasser verdunsten müßte, das aber wegen $S = 0$ nicht nachgeliefert wird. Für $e_L > 4{,}58$ Torr (Kondensation) charakterisieren diese Bedingungen die Grenze zwischen den Bereichen »Kondensation und Schmelzen« und »Kondensation und Gefrieren«.

Die Energiehaushaltsgleichung der Oberfläche ermöglicht die Berechnung der Ablation (–M). Die Gln. (10), (13) und (16) und die zusammen mit ihnen gültigen Beziehungen für M gelten für stationäre Verhältnisse, das in Gl. (4) definierte B ist gleich Null. Diese Voraussetzung bedeutet für das Ziel dieser Arbeit keine Einschränkung. Sie erlaubt es vielmehr erst, die prinzipiellen Unterschiede zwischen freier und bedeckter Ablation darzustellen (Kapitel 2), ohne daß der verwendete Aufwand allzu groß wird.

C. Die bedeckte Ablation

Auf dem Eis liegt eine Schicht bedeckenden Materials der Dicke Δz, das die Wärmeleitfähigkeit λ besitzt. $\lambda/\Delta z = \beta$ ist die Wärmedurchgangszahl der bedeckenden Schicht. Die Benutzung dieser Größe – sie besitzt die gleiche Dimension wie die Wärmeübergangszahl α_L in den Gleichungen (5) und (6) – ermöglicht es, die Gesetze der bedeckten Ablation ohne λ und Δz in allgemeinerer Form darzustellen.

Die Energiehaushaltsgleichung der Oberfläche des bedeckenden Materials ist allgemein wieder durch (1) gegeben. Die Voraussetzung stationärer Verhältnisse hat zur Folge, daß $B = 0$ ist. B ist die Wärmevorratsänderung unter der Oberfläche, also im bedeckenden Material und im Eis. Vom Wärmestrom aus dem Erdboden bleibt so nur der Anteil S übrig, der für Schmelzen und Gefrieren von Eis bzw. Wasser benötigt wird. Wird mit ϑ_0 die Oberflächentemperatur der bedeckenden Schicht bezeichnet und mit $\vartheta_{\Delta z}$ die Temperatur des Eises an dessen Obergrenze in der Tiefe Δz unter der Oberfläche des bedeckenden Materials, so gilt

$$S = \beta(\vartheta_{\Delta z} - \vartheta_0). \qquad (18)$$

In dieser Arbeit soll nur von der Ablation die Rede sein. Bedeckte Ablation kann aber nur durch Schmelzen erfolgen, wenn man annimmt, daß durch die Schichten des bedeckenden Materials kein Wasserdampfstrom hindurchgeht. Damit interessiert nur der Fall, daß $\vartheta_{\Delta z} = 0°C$ ist. Bei den angenommenen stationären Verhältnissen gilt dann auch $\vartheta_0 > 0°C$ und

$$S = -\beta \vartheta_0. \tag{19}$$

Für die Ablation ergibt sich:
$$M = \frac{1}{\rho} \frac{S}{r_S} = -\frac{1}{\rho r_S} \beta \vartheta_0. \tag{20}$$

Man kann 2 Fälle unterscheiden:

1. Bedeckte Ablation *ohne* Kondensation auf dem bedeckenden Material.

Mit E_0 = Sättigungsdampfdruck bei der Temperatur der Oberfläche ϑ_0 gelten die Bedingungen

$$\vartheta_0 > 0°C; \vartheta_{\Delta z} = 0°C; E_0 \geqslant e_L; V = 0. \tag{21}$$

Mit a_B = Albedo der Oberfläche des bedeckenden Materials folgt für diese die Energiehaushaltsgleichung

$$(1-a_B)G + A - \sigma T_0^4 - \beta \vartheta_0 + \alpha_L(\vartheta_L - \vartheta_0) = 0, \tag{22}$$

womit sich die Oberflächentemperatur ϑ_0 und dann nach Gl. (20) M berechnen läßt.

2. Bedeckte Ablation *mit* Kondensation auf dem bedeckenden Material.

Es gelten die Bedingungen

$$\vartheta_0 > 0°C; \vartheta_{\Delta z} = 0°C; E_0 = E_{0W} < e_L; r = r_W; V > 0 \tag{23}$$

und als Energiehaushaltsgleichung der Oberfläche des bedeckenden Materials

$$(1-a_B)G + A - \sigma T_0^4 - \beta \vartheta_0 + \alpha_L(\vartheta_L - \vartheta_0) + \alpha_L \frac{0{,}623\, r_W}{p\, c_p}(e_L - E_{0W}) = 0. \tag{24}$$

Mit Hilfe dieser Gleichung läßt sich wie oben wieder ϑ_0 aus den meteorologischen Faktoren berechnen. Aus $(-\beta\vartheta_0)$ folgt nach Gl. (20) die Ablation M.

Das kondensierte Wasser wird nicht als positives M gewertet, da M ja als Zunahme der Eismasse definiert ist und das kondensierende Wasser wie das Schmelzwasser abfließt. Die Kondensationsenergie geht aber in den Energiehaushalt der Oberfläche des bedeckenden Materials ein.

2. Die Ablations-Diagramme

A. Die Berechnung der Diagramme

Im 1. Kapitel sind die Gleichungen zusammengestellt worden, die notwendig sind, um die Beträge der freien und bedeckten Ablation berechnen zu können. Dabei wird die Abhängigkeit von den meteorologischen Faktoren (z. B. den Strahlungsströmen, der Lufttemperatur und der Luftfeuchtigkeit) durch die Anwendung der Energiehaushaltsgleichung berücksichtigt, die immer erfüllt sein muß.

Die freie Ablation der nichtschmelzenden Oberfläche läßt sich aus Gl. (11) ermitteln, wenn man die Werte von α_L, e_L, p und E_{0E} kennt. Letzteres ist eine Funktion nur von der Oberflächentemperatur ϑ_0, die sich so einstellt, daß die Energiehaushaltsgleichung (10) erfüllt ist. ϑ_0 kann deshalb aus (10) berechnet werden, wenn außer α_L, e_L und p auch noch a_E, G und ϑ_L bekannt sind. Die langwellige atmosphärische Gegenstrahlung A ist nach Gl. (3) über e_L und ϑ_L bestimmt. So hängt die freie Ablation bei nichtschmelzender Oberfläche von 6 unabhängigen Variablen ab. Die nur durch vergleichsweise komplizierte Formeln beschreibbare Abhängigkeit des Sättigungsdampfdruckes $E_{0E}(\vartheta_0)$ von ϑ_0 läßt eine Auflösung der Gl. (10) nach ϑ_0 in geschlossener Form nicht zu. Soferne man die lineare Näherung als nicht ausreichend ansieht, wird eine sukzessive Approximation – wie sie in dieser Arbeit bei der Berechnung der Diagramme angewandt wurde – immer Werte der geforderten Genauigkeit liefern.

Die freie Ablation an der Grenze zwischen nichtschmelzender und schmelzender Oberfläche ist auch von den oben genannten 6 Variablen abhängig, von denen aber nur 5 unabhängig sind, da jetzt $\vartheta_0 = 0°C$ gilt. Die Berechnung erfolgt nach den Gln. (16) und (17). Bei schmelzender Oberfläche ist ebenfalls $\vartheta_0 = 0°C$. Da aber die pro Flächen- und Zeiteinheit verbrauchte Schmelzwärme (–S) als zusätzlicher Wärmestrom in der Energiehaushaltsgleichung (13) auftritt, ist die aus Gl. (14) folgende Ablation wieder von den 6 unabhängigen Variablen a_E, G, ϑ_L, e_L, α_L und p abhängig.

Die bedeckte Ablation ohne Kondensation auf dem bedeckenden Material – Gln. (20) und (22) – ist von den 5 unabhängigen Variablen a_B, G, ϑ_L, α_L und β abhängig. Aus ihnen kann man nach der Energiehaushaltsgleichung (22) die Oberflächentemperatur des bedeckenden Materials berechnen und nach Gl. (20) die Ablation. Bei bedeckter Ablation mit Kondensation kommen e_L und p als weitere unabhängige Variable hinzu.

Insgesamt sind also die Erscheinungen der freien und bedeckten Ablation von den 8 unabhängigen Variablen a_E, a_B, G, ϑ_L, e_L, α_L, β und p abhängig. In einem ebenen Diagramm kann man eine Größe (Ordinate) nur in Abhängigkeit von höchstens zwei unabhängigen Variablen (Abszisse und Scharparameter) darstellen. So ist es unmöglich, daß ein ebenes Diagramm die Ablationsbeträge (–M) in Abhängigkeit von allen sie beeinflussenden Größen enthält. G. HOFMANN [3] hat daher zur Berechnung der freien Ablation die kombinierten Größen $(-M/\alpha_L)$ und $(\vartheta_L+(Q+B)/\alpha_L)$ verwendet; so »war die Darstellung des ganzen Zusammenhanges (mit p = const) in einem Schaubild möglich«. Diesem Vorteil der kombinierten Größen steht der Nachteil gegenüber, daß die Diagramme nur schwer erkennen lassen, was geschieht, wenn man eine einzelne Größe – etwa ϑ_L oder das von der Windgeschwindigkeit abhängige α_L – variiert.

Hier sollen nun ebene Diagramme gezeichnet werden, die die Beträge (–M) der freien und bedeckten Ablation nebeneinander in Abhängigkeit von den oben genannten Variablen zeigen. Das ist nur möglich, wenn man von vornherein darauf verzichtet, alle genannten Größen zu variieren, und wenn man die Darstellung der Zusammenhänge auf mehrere Diagramme verteilt. Setzt man a_E, a_B und p konstant, so bleiben für die freie Ablation nur noch die 4 unabhängigen Variablen G, ϑ_L, e_L und α_L übrig, wovon ϑ_L als Abszisse und e_L bzw. f = relative Luftfeuchtigkeit = e_L/E_{LW} (E_{LW} = Sättigungsdruck des Wasserdampfes in bezug auf Wasser bei der Lufttemperatur ϑ_L) als Scharparameter dargestellt werden. Man muß so viele Diagramme zeichnen, für wie viele Wertepaare von G und α_L man den Zusammenhang zwischen –M, ϑ_L und f sehen will. Bei der Berechnung der bedeckten Ablation ohne Kondensation bleiben noch die 4 unabhängigen Variablen G, ϑ_L, α_L und β übrig, wovon ϑ_L als Abszisse und β als Scharparameter dargestellt werden. Wiederum gibt es so viele Diagramme wie Wertepaare von G und α_L.

Die Diagramme sollen die prinzipiellen Unterschiede zwischen freier und bedeckter Ablation zeigen. Deshalb werden freie und bedeckte Ablation jeweils zusammen in jedem Diagramm dargestellt. Es ist dabei natürlich notwendig, daß die äußeren die Oberflächen beeinflussenden Größen – Globalstrahlung G, die von der Windgeschwindigkeit abhängige Wärmeübergangszahl α_L, die Lufttemperatur ϑ_L, der Dampfdruck e_L – für die zu vergleichenden Vorgänge bei freier und bedeckter Ablation dieselben Werte annehmen. Auch die nach Gl. (3) von ϑ_L und e_L abhängige atmosphärische Gegenstrahlung A muß für die zu vergleichende freie und bedeckte Ablation dieselbe sein. Um nun durch A nicht auch noch den Einfluß des Dampfdruckes in die Berechnung der bedeckten Ablation ohne Kondensation hineinzubekommen, um aber andererseits bei freier und bedeckter Ablation mit gleichen A-Werten zu rechnen, wurde A entsprechend

$$A = \sigma T_L^4 \left[0{,}82 - 0{,}25 \, exp\left(-\frac{0{,}29 \, \frac{1}{2} E_{LW}}{Torr}\right) \right] \quad (25)$$

ermittelt. A ist so nur noch von ϑ_L abhängig. Diese Gleichung entspricht Gleichung (3) für f =50 %. Wie die nach (3) mit f =20 % und f = 100 % berechneten A-Werte von den mit f = 50 % ermittelten abweichen, zeigt folgende Zusammenstellung:

ϑ_L	Atmosphärische Gegenstrahlung in mcal cm^{-2} min^{-1} berechnet mit		
°C	f = 20 %	f = 50 %	f = 100 %
−20	198	204	214
0	289	318	347
+20	445	488	499

Für die Eisalbedo a_E wurde der Wert 50 % gewählt. Das ist die mittlere Albedo einer Altschneedecke. Reiner Firnschnee hat mit 50...65 % eine höhere, reines Gletschereis (30...46 %) und unreiner Firnschnee (20...50 %) haben eine niedrigere Albedo. Sehr kleine Werte besitzt unreines Gletschereis (20...30 %), sehr hohe Werte Neuschnee (75...95 %). Die angegebenen Richtzahlen sind dem Buch von R. GEIGER [2, S. 16] entnommen. Für die Albedo des bedeckenden Materials a_B wurde der Wert 20 % gewählt. Das entspricht der Albedo eines dunklen Sandbodens [2, S. 16]. Es wurde mit dem Luftdruck p = 405 Torr gerechnet –, das ist der Luftdruck in 5000 m über NN in der CINA-Normalatmosphäre [10, S. 433]. Die im 3. Kapitel beschriebenen Erscheinungen wurden in dieser Höhe beobachtet. Daß sich die Ablationsbeträge mit p nicht sehr ändern, zeigt Abb. 5.

Die spezifische Wärme der Luft bei konstantem Druck c_p, die Schmelzwärme r_S und die Verdampfungswärme des Wassers r_W und die des Eises r_E werden als Konstante behandelt, obwohl [10, S. 415 und 485] eine (geringe) Temperaturabhängigkeit dieser Größen besteht. Es werden hier verwendet: $c_p = 0{,}24$ cal g^{-1} grd^{-1}, $r_S = 80$ cal g^{-1}, $r_W = 597$ cal g^{-1} und $r_E = 677$ cal g^{-1}.

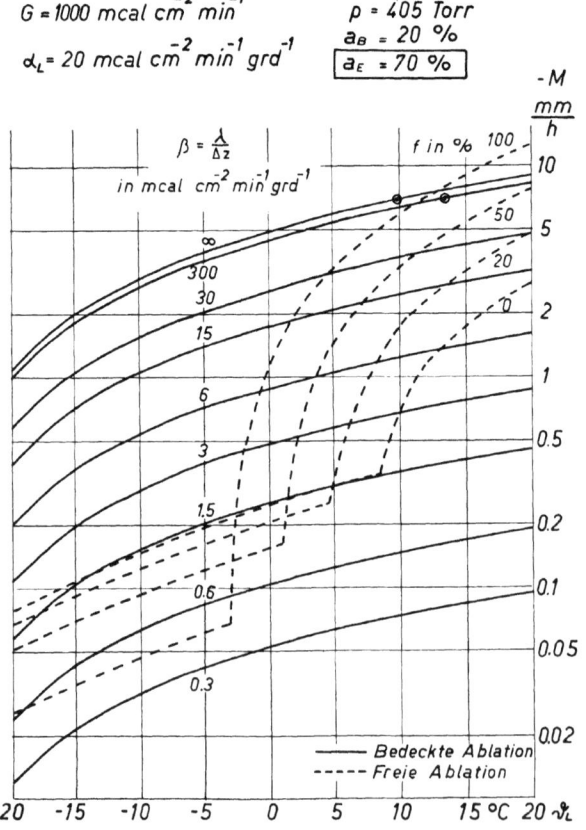

Die Abb. 1 zeigt das erste so berechnete Ablationsdiagramm, das aber im Gegensatz zu den später zu besprechenden für eine Eisalbedo von 70 % gilt. Am Beispiel der Abb. 1 soll hier zunächst die äußere Anordnung des Inhalts der Diagramme beschrieben werden, ehe in Kapitel 2 B die Erläuterung folgt. Als Abszisse ist in linearem Maßstab die Lufttemperatur in 2 m Höhe über dem freien Eis bzw. dem bedeckenden Material von −20 bis +20 °C dargestellt, als Ordinate die Ablation (−M) in mm h^{-1}. Man beachte den logarithmischen Maßstab der Ordinate.

Abb. 1. Freie und bedeckte Ablation (−M). M = Zunahme der Eismasse in der Zeiteinheit angegeben in der entsprechenden Schichtdicke des Wassers, ϑ_L = Lufttemperatur, G = Globalstrahlung, α_L = Wärmeübergangszahl, p = Luftdruck, a_B = Albedo des bedeckenden Materials, a_E = Eisalbedo, β = Wärmedurchgangszahl des bedeckenden Materials, f = relative Luftfeuchtigkeit. Die Berechnung der Kurven erfolgte nach den Gleichungen des 1. Kapitels

Die ausgezogenen Kurven gelten für die bedeckte Ablation. Die Wärmedurchgangszahl $\beta = \lambda/\Delta z$ des bedeckenden Materials dient als Scharparameter. Die Wärmeleitfähigkeit λ beträgt

für Felsgestein und Granit 300 mcal cm^{-1} min^{-1} grd^{-1}
für trockenen Sand 30 mcal cm^{-1} min^{-1} grd^{-1}
für ruhende Luft 3 mcal cm^{-1} min^{-1} grd^{-1}

Das sind Richtwerte, die die Größenordnung veranschaulichen sollen. Mit ihnen kann man den in Abb. 1 verwendeten Wärmedurchgangszahlen β bestimmte Schichtdicken Δz des bedeckenden Materials zuordnen, denn das Denken in Schichtdicken ist anschaulicher als das Denken in Wärmedurchgangszahlen:

β	∞	300	30	15	6	3	1,5	0,6	0,3	$\dfrac{\text{mcal}}{\text{cm}^2 \text{ min grd}}$
Δz, Sand	0	0,1	1	2	5	10	20	50	100	cm
Δz, Fels	0	1	10	20	50	100	200	500	1000	cm

So gilt die oberste ausgezogene Kurve für die bedeckte Ablation bei $\beta = \infty$, d. h. bei einer unendlich dünnen Bedeckung, die unterste Kurve bei $\beta = 0,3$ mcal cm^{-2} min^{-1} grd^{-1}, d. h. bei einer 1 m dicken Sanddecke oder einem 10 m dicken Felsen.

Diese ausgezogenen Kurven stellen die bedeckte Ablation *ohne* Kondensation dar, weil bei der hohen gewählten Globalstrahlung von 1000 mcal cm^{-2} min^{-1} die Oberflächentemperatur des bedeckenden Materials im allgemeinen so hoch ansteigt, daß auf ihm keine Kondensation stattfindet. Bei $\beta = \infty$ beträgt die Oberflächentemperatur bei Ablation konstant 0°C, weshalb bei einer relativen Luftfeuchtigkeit $f = 100\%$ und Lufttemperaturen ϑ_L oberhalb von 0°C bedeckte Ablation *mit* Kondensation stattfindet. Dabei sind dann die Ablationsbeträge höher als im Diagramm dargestellt, weil ein positiver Strom latenter Wärme des Wasserdampfes zusätzlich Energie zur Oberfläche bringt. Das kondensierte Wasser fließt allerdings gleich wieder ab und liefert keinen Beitrag zur Zunahme der Eismasse in der Zeiteinheit M. Bei $f = 50\%$ setzt bedeckte Ablation mit Kondensation erst bei höheren ϑ_L ein als 9,9°C bei $\beta = \infty$ und 13,4°C bei $\beta = 300$ mcal cm^{-2} min^{-1} grd^{-1}. Diese Punkte, oberhalb von denen bedeckte Ablation *mit* Kondensation bei $f = 50\%$ stattfindet, sind in den Diagrammen durch $\bigcirc$ gekennzeichnet.

Die gestrichelten Kurven gelten für die freie Ablation. Die relative Luftfeuchtigkeit dient als Scharparameter. Die Kurven haben einen Knickpunkt, das ist die Grenze zwischen nichtschmelzender und schmelzender Oberfläche. Diese Grenze kann bei Lufttemperaturen über und unter 0°C liegen, je nachdem welchen Einfluß die Strahlungsbilanz und der Strom latenter Wärme des Wasserdampfes auf die Oberflächentemperatur besitzen, s. Gl. 16. Bei schmelzender Oberfläche nimmt die Ablation mit der Lufttemperatur sehr stark zu. Am Kopf jedes Ablationsdiagrammes sind rechts die konstant gehaltenen Größen (p, a_B und a_E) notiert, links steht das Wertepaar von Globalstrahlung G und Wärmeübergangszahl α_L, für das das Diagramm gilt. Diagramme wurden gezeichnet für G = 500, 1000 und 1500 mcal cm^{-2} min^{-1} und α_L = 10, 20 und 30 mcal cm^{-2} min^{-1} grd^{-1}. Ein zehntes Diagramm gilt für das Wertepaar G = 0 und α_L = 10 mcal cm^{-2} min^{-1} grd^{-1}. Bei einer ausgedehnten ebenen Schnee- oder Sand (Schutt)-Oberfläche entsprechen die drei gewählten Wärmeübergangszahlen von 10, 20 und 30 mcal cm^{-2} min^{-1} grd^{-1} den Windgeschwindigkeiten in 2 m Höhe von etwa 1,4 und 10 ms^{-1} [3].

B. Die Erläuterung der Diagramme

Die Abb. 1 zeigt drei Erscheinungen:

1. die unterschiedliche Ablation von freiem Eis bei unterschiedlicher relativer Luftfeuchtigkeit,
2. die unterschiedliche Ablation von Eis mit und ohne Bedeckung,
3. die unterschiedliche Ablation von bedecktem Eis bei unterschiedlicher Wärmedurchgangszahl.

1. Zunächst werden nur die gestrichelten Kurven der freien Ablation betrachtet. Dabei kann man feststellen:

a) Bei nichtschmelzender Oberfläche nimmt die freie Ablation mit zunehmender relativer Luftfeuchtigkeit f und zunehmendem Wasserdampfdruck $e_L = f \cdot E_{LW}$ ab. Die Ursache ist die mit zunehmendem Wasserdampfdruck abnehmende Verdunstung, die bei nichtschmelzender Oberfläche die Ablation bewirkt (Gl. (11)). Teil A der Tab. 1 enthält für diesen Zusammenhang ein Zahlenbeispiel.

b) Bei schmelzender Oberfläche ist die freie Ablation um so größer, je größer die relative Luftfeuchtigkeit und der Wasserdampfdruck sind – siehe Teil C der Tab. 1. Bei der konstanten Temperatur der schmelzenden Oberfläche $\vartheta_0 = 0°C$ ändern sich der Strom fühlbarer Wärme L nicht und die Strahlungsbilanz Q nur wenig (siehe Gl. 3), wenn sich nur die relative Luftfeuchtigkeit ändert (in Teil C der Tab. 1 ändert sich die Strahlungsbilanz Q deshalb überhaupt nicht mit f, weil die atmosphärische Gegenstrahlung A wie in den Diagrammen nach Gl. (25) berechnet wurde). Der Strom latenter Wärme des Wasserdampfes V zur Oberfläche nimmt aber mit steigendem Wasserdampfdruck zu. Bei niedrigen Feuchten wird der Oberfläche durch Verdunstung noch Energie entzogen, bei höheren Feuchten liefert V aber einen großen Teil der zum Schmelzen benötigten Wärme.

c) Die Lufttemperatur, bei der die nichtschmelzende Oberfläche in die schmelzende übergeht, ist um so höher, je niedriger die relative Luftfeuchtigkeit ist. Die Ursache dafür ist die bei kleineren Wasserdampfdrucken höhere Verdunstung, die tiefere Oberflächentemperaturen bewirkt.

Tabelle 1. Der Energiehaushalt der Oberfläche bei freier und bedeckter Ablation unter den Bedingungen $G = 1000 \text{ mcal cm}^{-2} \text{ min}^{-1}$, $\alpha_L = 20 \text{ mcal cm}^{-2} \text{ min}^{-1} \text{ grd}^{-1}$, $p = 405$ Torr, $a_B = 20\%$ und $a_E = 70\%$

f %	β $\frac{\text{mcal}}{\text{cm}^2 \text{ min grd}}$	ϑ_0 °C	Q $\frac{\text{mcal}}{\text{cm}^2 \text{ min}}$	L $\frac{\text{mcal}}{\text{cm}^2 \text{ min}}$	V $\frac{\text{mcal}}{\text{cm}^2 \text{ min}}$	S $\frac{\text{mcal}}{\text{cm}^2 \text{ min}}$	−M $\frac{\text{mm}}{\text{h}}$
A	$\vartheta_L = -5{,}0°C$, Freie Ablation, nichtschmelzende Oberfläche							
0	—	−7,3	170	45	−215	—	0,19
20	—	−6,1	162	22	−184	—	0,16
50	—	−4,4	152	−13	139	—	0,12
100	—	−1,8	135	−65	−70	—	0,06
B	$\vartheta_L = -5{,}0°C$, Bedeckte Ablation ohne Kondensation							
—	∞	0,0	623	−100	—	−523	3,9
—	15	12,4	534	−348	—	−186	1,4
—	0,3	18,8	482	−476	—	−6	0,04
C	$\vartheta_L = 10{,}0°C$, Freie Ablation, schmelzende Oberfläche							
0	—	0,0	240	200	−350	−90	0,67
20	—	0,0	240	200	−210	−230	1,7
50	—	0,0	240	200	2	−442	3,3
100	—	0,0	240	200	354	−794	6,0
D	$\vartheta_L = 10{,}0°C$, Bedeckte Ablation ohne Kondensation							
—	∞	0,0	740	200	—	−940	7,1
—	15	22,1	573	−242	—	−331	2,5
—	0,3	33,1	472	−462	—	−10	0,07

2. Ist die bedeckte Ablation bei gleichen Werten von G, α_L, p und ϑ_L größer als die freie Ablation, so kann man sagen, die Bedeckung fördert die Ablation gegenüber der Abtragung bei freiem Eis. Ist die bedeckte Ablation kleiner als die freie, so kann man sagen, die Bedeckung übt im Vergleich zur freien Ablation eine Schutzwirkung auf das bedeckte Eis aus. So fördert eine 5 cm dicke Schutt- oder Sandbedeckung (β = 6 mcal cm^{-2} min^{-1} grd^{-1}) die Ablation des darunter liegenden Eises im Vergleich zur freien Ablation unter den Bedingungen der Abb. 1, wenn die Lufttemperatur kleiner ist als –0,8°C und die Luftfeuchtigkeit 100 % beträgt. Die entsprechenden Temperaturwerte für f = 50, 20 und 0 % sind 3,6, 8,2 und 13,1°C. Bei f = 50 % und ϑ_L = 3,6°C sind freie und bedeckte Ablation gleich. Bei niedrigeren Lufttemperaturen überwiegt die bedeckte Ablation, sie ist bei ϑ_L = 0°C mit 0,9 mm h^{-1} mehr als fünfmal so groß wie die freie. Bei höheren Lufttemperaturen überwiegt die freie Ablation, sie ist bei ϑ_L = 7,5°C mit 2,3 mm h^{-1} doppelt so groß wie die bedeckte.

Die Kurve mit β = 6 mcal cm^{-2} min^{-1} grd^{-1} gilt auch für einen Felsblock von 50 cm Dicke – wenn man von den Randeffekten absieht. Dieser Block wird einen Gletschertisch bilden, wenn bei f = 50 % die Lufttemperatur höher als 3,6°C ist und wenn in der Umgebung freie Ablation vor sich geht. Es bildet sich ein Schmelzloch, wenn ϑ_L kleiner als 3,6°C ist. Wie tief dieses Schmelzloch bzw. wie hoch der Gletschertisch nach einer bestimmten Zeit sein wird, läßt sich für die Bedingungen der Abb. 1 aus der unterschiedlichen Ablation des freien und bedeckten Eises an der Ordinate ablesen.

Kleine Schichtdicken der Bedeckung fördern die Ablation bis zu hohen Lufttemperaturen. Große Schichtdicken bewirken einen großen Schutz und eine sehr kleine Ablation des bedeckten Eises im Vergleich zur freien Ablation. Bei einer Schuttdecke von 1 m Dicke (β = 0,3 mcal cm^{-2} min^{-1} grd^{-1}) und einer Lufttemperatur von 5°C ist nach Abb. 1 die freie Ablation bei f = 50 % mit 1,5 mm h^{-1} mehr als 20 mal so groß wie die bedeckte. Die Ursache für diese Wirkung des bedeckenden Materials läßt sich mit Hilfe der Teile B und D der Tab. 1 zeigen: Die bedeckte Ablation ohne Kondensation wird im Grenzfall β = ∞ vorwiegend durch die Strahlungsbilanz Q bewirkt. Ist auch noch ϑ_L = 0°C, so gilt Q + S = 0. Nimmt β ab – d. h. die Schichtdicke des bedeckenden Materials nimmt zu –, dann nimmt die Oberflächentemperatur zu, und immer mehr Anteile der Strahlungsbilanz werden nicht zum Schmelzen verwendet, sondern sie fließen als Strom fühlbarer Wärme (–L) von der Oberfläche zur Luft. Für β = 0 gilt Q + L = 0; annähernd ist das bei einer 1 m dicken Sanddecke (β = 0,3 mcal cm^{-2} min^{-1} grd^{-1}) schon der Fall. Die Schutzwirkung des bedeckenden Materials bei großen Schichtdicken besteht also darin, daß die Strahlungsbilanz nicht zum Schmelzen verwendet wird, sondern als Strom fühlbarer Wärme von der Oberfläche in die Luft weggeht. Die Förderung der Ablation durch das bedeckende Material bei geringen Schichtdicken – im Vergleich zur freien Ablation – ist vor allem eine Folge der geringeren Albedo und der dadurch größeren Strahlungsbilanz als bei freier Eisoberfläche. Man vergleiche dazu auch die Q-Werte der Tab. 1.

Die gestrichelten Kurven trennen für die angegebenen relativen Luftfeuchtigkeiten f die Fläche des Diagramms in 2 Gebiete. Im Gebiet links oberhalb der gestrichelten Kurve ist die dort an irgendeiner Stelle durch Abszisse und Scharparameter bestimmte bedeckte Ablation größer als die durch die gestrichelte Kurve gegebene freie Ablation. Die Bedeckung fördert die Ablation im Vergleich zur Abtragung des freien Eises; es bilden sich Schmelzlöcher. Im Gebiet rechts unterhalb der gestrichelten Kurve ist die bedeckte Ablation kleiner als die freie Ablation. Die Bedeckung übt eine Schutzwirkung auf das bedeckte Eis aus; es bilden sich Gletschertische.

3. Unterschiedliche Ablation von Ort zu Ort tritt nicht nur auf, wenn bedecktes und freies Eis eng benachbart sind; vielmehr gibt es selektive Ablation auch überall dort, wo die Bedeckung verschieden ist. Ein das Eis bedeckender 20 cm dicker Stein (β = 15 mcal cm^{-2} min^{-1} grd^{-1}) wächst bei ϑ_L = –2°C und unter den Bedingungen der Abb. 1 in einer Stunde 2,5 mm über seine Umgebung hinaus, wenn diese nur sehr dünn bedeckt ist (β = 300 mcal cm^{-2} min^{-1} grd^{-1}). Selbst wenn die

Ablation unter diesen Bedingungen nur täglich fünf Stunden andauert, ist der Gletschertisch nach 2 Monaten 75 cm hoch. Dabei sind – um das Prinzipielle zu zeigen – Randeffekte an der Begrenzung des Steines nicht mitbetrachtet worden. Das soll auch der Einfachheit halber bei allen weiteren Überlegungen unterbleiben.

Liegen in einer 10 cm dicken Sanddecke (β = 3 mcal cm^{-2} min^{-1} grd^{-1}) an einigen Stellen 10 cm dicke Steine (β = 30 mcal cm^{-2} min^{-1} grd^{-1}) anstelle des Sandes, so ist die Ablation unter den Steinen stärker und sie schmelzen in das Eis ein. Der großen Schutzwirkung des Sandes, die auf dessen geringer Wärmeleitfähigkeit beruht, verdanken auch die Ablationskegel ihre Entstehung. Die hier angeführten Beispiele der selektiven Ablation dienen nur zur Erläuterung des Inhaltes der Diagramme. Sie lassen sich beliebig vermehren.

4. Außer der Abb. 1 sind dieser Arbeit im Anhang 10 weitere Ablationsdiagramme beigelegt, deren Berechnung in Kapitel 2 A beschrieben ist. Eine Vergrößerung der Globalstrahlung bewirkt allgemein eine größere freie und bedeckte Ablation. Betrachtet man die gestrichelten und ausgezogenen Kurven nicht zusammen, sondern jede Kurvenschar für sich, so kann man das Produkt aus (1–a) und G als *eine* Variable auffassen. Es gelten dann z. B. die Kurven der freien Ablation für G = 1000 mcal cm^{-2} min^{-1} und a_E = 50 % auch für G = 1250 mcal cm^{-2} min^{-1} und a_E = 60 %.

5. Nicht so einfach ist der Zusammenhang zwischen Ablation und Wärmeübergangszahl α_L. Die Größe α_L ist abhängig von der Geschwindigkeit der freien Strömung *und* von der Form des angeströmten Körpers. Die Größe wird bei technischen Problemen des Wärme- und Stoffaustausches [1] häufig angewendet. Unter freier Strömung versteht man dabei die konstante vom Abstand zum angeströmten Körper unabhängige Strömung außerhalb der Grenzschicht. Da über der Erdoberfläche die Windgeschwindigkeit bis in große Höhen hinauf im allgemeinen zunimmt, liegt es nahe, bei Wärmeübergangsproblemen zwischen der Luft und der Erdoberfläche die Abhängigkeit der Wärmeübergangszahl von der Windgeschwindigkeit in 2 m Höhe über dem Erdboden zu betrachten. Diese Höhe liegt oberhalb der bodennächsten Schichten mit den stärksten Änderungen der Windgeschwindigkeit mit der Höhe. Da α_L außerdem noch von der Form des angeströmten Körpers abhängt, sind die Werte von α_L bei angeströmten ausgedehnten ebenen Flächen um so größer, je größer die Rauhigkeit dieser Flächen ist. Für quer angeströmte Kreiszylinder läßt sich aus einer bei E. Eckert [1, S. 142, Gl. 287] angegebenen Beziehung die Wärmeübergangszahl α_L berechnen, die es erlaubt, die gesamte Wärmeabgabe des Zylinders zu ermitteln – nicht nur die Wärmeabgabe an einer Stelle des Umfanges. Es gelten nun folgende Richtwerte für α_L in Abhängigkeit von der Windgeschwindigkeit v und der Form und Rauhigkeit der angeströmten Körper:

	1	4	10	
v in 2 m Höhe (A, B) bzw. der freien Strömung (C)	1	4	10	m/s
A Völlig glatte ausgedehnte ebene Oberfläche; nach [3]	2	8	15	$\frac{\text{mcal}}{\text{cm}^2 \text{ min grd}}$
B Rauhe, ausgedehnte ebene Oberfläche (Rasen, Schnee); nach [3]	10	20	30	$\frac{\text{mcal}}{\text{cm}^2 \text{ min grd}}$
C Quer angeströmter Kreiszylinder; nach [1, S. 142, Gl. 287]				
d = Durchmesser des Zylinders d = 100 cm	7	20	45	$\frac{\text{mcal}}{\text{cm}^2 \text{ min grd}}$
d = 10 cm	15	35	70	$\frac{\text{mcal}}{\text{cm}^2 \text{ min grd}}$
d = 1 cm	50	100	150	$\frac{\text{mcal}}{\text{cm}^2 \text{ min grd}}$

6. Zunächst werden nur rauhe ausgedehnte ebene Oberflächen betrachtet, etwa Schnee oder Schuttoberflächen. Anstatt der Werte $\alpha_L = 10$, 20 und 30 mcal cm^{-2} min^{-1} grd^{-1} könnte man nun in die Diagramme die Windgeschwindigkeiten v = 1, 4 und 10 ms^{-1} eintragen.

a) Vergleicht man 2 Diagramme miteinander, die sich nur in der bei der Berechnung verwendeten Wärmeübergangszahl unterscheiden, so sieht man, daß sich an den bisherigen Überlegungen in diesem Kapitel im Prinzip nichts ändert. In jedem Falle gibt es deutliche Unterschiede zwischen freier und bedeckter Ablation, in der bedeckten Ablation bei verschiedenen Wärmedurchgangszahlen und in der freien Ablation bei verschiedenen relativen Luftfeuchtigkeiten.

b) Die Abb. 2 zeigt die bedeckte Ablation ohne Kondensation bei verschiedenen α_L und unter sonst gleichen Bedingungen. Nur bei
$$L = \alpha_L (\vartheta_L - \vartheta_0) = 0$$
sind die Ablationsbeträge unabhängig von α_L, so am Schnittpunkt der beiden Kurven für $\beta = \infty$ bei $\vartheta_L = 0°C$. Ist L positiv – das ist bei $\beta = \infty$ und $\vartheta_L > 0°C$ der Fall –, so nimmt (−M) mit α_L zu; je größer α_L ist, um so größer ist der Beitrag von L zur Schmelzwärme. Ist L negativ – das ist schon von geringen Schichtdicken an im gesamten gewählten Bereich von ϑ_L der Fall –, so nimmt (−M) mit α_L ab; die Schutzwirkung des bedeckenden Materials nimmt also mit der Windgeschwindigkeit zu, weil bei größeren α_L auch größere Anteile der Strahlungsbilanz über L abgeführt werden können und so nicht zum Schmelzen verfügbar sind.

c) Die Abb. 3 zeigt die freie Ablation bei verschiedenen α_L und unter sonst gleichen Bedingungen. Zunächst fällt auf, daß bei höherer Windgeschwindigkeit auch die Lufttemperatur, bei der die nichtschmelzende in die schmelzende Oberfläche übergeht, wesentlich höher liegt; die mit α_L höhere Verdunstung siehe [Gl. (6)] bewirkt die niedrigeren Oberflächentemperaturen.

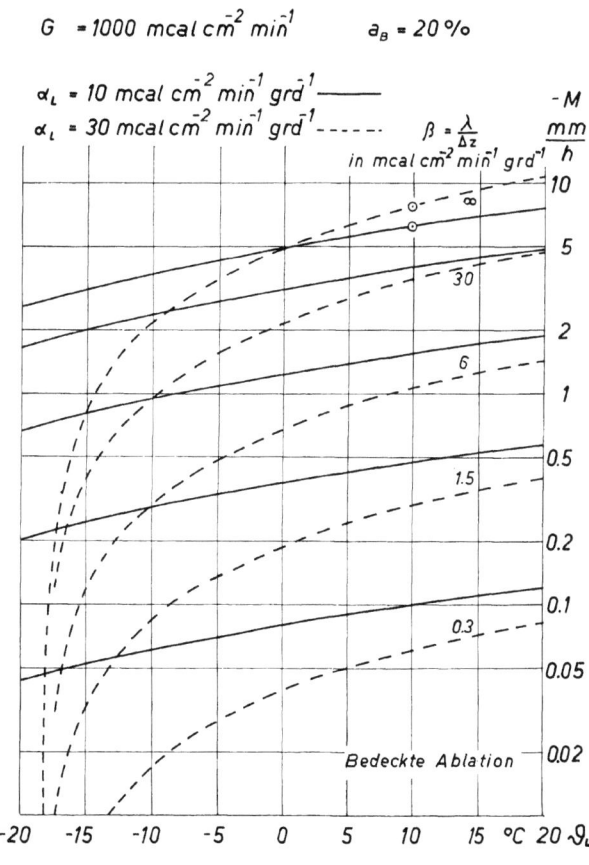

Abb. 2. Bedeckte Ablation (−M) bei verschiedenen Wärmeübergangszahlen α_L zwischen der Luft und der Oberfläche des bedeckenden Materials

d) Bei der schmelzenden Oberfläche gibt es für jedes f einen Punkt in der Abb. 3, an dem (−M) unabhängig ist von α_L. Dort schneiden sich die gestrichelten und die ausgezogenen Kurven. An diesen Punkten gilt
$$L + V = 0 \tag{26}$$
und mit den Gln. (5) und (6)
$$\alpha_L \left[\left(\vartheta_L + \frac{0{,}623 r}{p\, c_p} e_L \right) - \left(\vartheta_0 + \frac{0{,}623 r}{p\, c_p} E_0 \right) \right] = 0. \tag{27}$$

Die Gleichung für das ideale Psychrometer $\quad e_L = E' - \dfrac{p c_p}{0{,}623\, r}(\vartheta_L - \vartheta')$ (28)

– mit ϑ' = Temperatur des feuchten Thermometers und E' = Sättigungsdampfdruck bei ϑ' – läßt sich umformen in:

$$\left(\vartheta_L + \dfrac{0{,}623\, r}{p\, c_p}\, e_L\right) = \left(\vartheta' + \dfrac{0{,}623\, r}{p\, c_p}\, E'\right).$$ (29)

Aus den Gln. (27) und (29) erkennt man, daß bei $L + V = 0$ die in 2 m Höhe mit einem idealen Psychrometer gemessene Feuchttemperatur ϑ' gleich der Oberflächentemperatur des Eises ϑ_0 – das ist bei schmelzender Oberfläche 0°C – sein muß. Dabei ist vorausgesetzt, daß die Verdampfungswärme r (entweder r_E oder r_W) in den Gln. (27) bis (29) gleich ist.

Die Lufttemperatur, bei der die Gln. (27) und (29) erfüllt sind, ist bei konstanter Temperatur der schmelzenden Oberfläche $\vartheta_0 = 0°C$ nur vom Dampfdruck e_L und vom Luftdruck p bzw. nur von der relativen Luftfeuchtigkeit $f = e_L/E_{LW}$ und p abhängig; das folgt aus Gl. (27). Die Tabelle 2 gibt für diesen Zusammenhang einige Zahlenwerte.

f	%	0	20	50	100	
ϑ_L	°C	17,5	10,3	5,0	0,0	für p = 405 Torr ≙ 5000 m
ϑ_L	°C	13,5	8,6	4,3	0,0	für p = 526 Torr ≙ 3000 m
ϑ_L	°C	9,3	6,4	3,4	0,0	für p = 760 Torr ≙ 0 m

Tab. 2. Die Lufttemperaturen, bei denen bei schmelzender Oberfläche $L+V=0$ ist, in Abhängigkeit von der relativen Luftfeuchtigkeit f und dem Luftdruck p. Bei p ist angegeben, welchen Höhen über NN die Luftdrucke nach der CINA-Normalatmosphäre entsprechen.

Oberhalb dieser Lufttemperaturen ist $L+V>0$ und die Ablation nimmt mit wachsendem α_L zu (siehe Abb. 3); unterhalb ist $L + V < 0$ und die Ablation nimmt mit wachsendem α_L ab. Das ist leicht verständlich: L und V sind α_L proportional. Positives $L + V$ bringt Energie zur Oberfläche, die zum Schmelzen zur Verfügung steht und zwar um so mehr, je größer α_L ist. Negatives $L+V$ entzieht der Oberfläche Energie, wieder um so mehr, je größer α_L ist. Mit $L + V = 0$ bleibt von der Energiehaushaltsgleichung (1) noch

$$Q + B + S = 0$$ (30)

übrig. Da beim Schmelzen $S<0$ ist, muß $Q+B>0$ sein.

Für den sehr interessanten Fall, daß bei schmelzender Oberfläche die Ablation mit wachsendem α_L abnimmt, gilt also $L+V<0$, gleichzeitig $Q+B>0$, $e_L<E_0 = 4{,}58$ Torr (das folgt aus Gl. (27); außerdem bedeutet $e_L>4{,}58$ Torr, daß sowohl L als auch V positiv sind) und $\vartheta'<0°C$. G. Hofmann hat die hier unter d angeschnittenen Probleme in [4] ausführlich behandelt.

e) Die in Abb. 3 gezeichneten Kurven für verschiedene Wärmeübergangszahlen schneiden sich – mit Ausnahme derjenigen für f = 100 % – noch ein zweites Mal bei negativen Lufttemperaturen. Wie die Abb. 4 zeigt, verlaufen dabei die Kurven für verschiedene α_L nicht alle durch einen Punkt, wie es für den durch $L + V = 0$ bestimmten Punkt der Fall ist. Zwischen den beiden Schnittpunkten liegt ein Bereich von ϑ_L, in dem die Ablation beim größeren α_L-Wert kleiner ist. Die Kurven schließen dort (z. B. bei f = 50 % in Abb. 3 und bei der ausgezogenen und der fein gestrichelten Kurve in der mittleren Darstellung der Abb. 4 zwischen $\vartheta_L = -11{,}8°C$ und $+5{,}0°C$) ein Dreieck mit nicht geradlinigen Seiten ein. Im rechten Teil des Dreiecks zwischen $-1{,}0°C$ und $+5{,}0°C$ liegt bei beiden α_L-Werten, durch die die ausgezogene und die gestrichelte

Kurve bestimmt sind, eine schmelzende Oberfläche vor; die Ablation nimmt mit zunehmendem α_L ab, weil $L+V<0$ ist. Im linken Teil des Dreiecks ist die Oberfläche beim größeren α_L-Wert nichtschmelzend, beim kleineren schmelzend; die Ablation nimmt mit zunehmendem α_L ab, weil die in beiden Fällen etwa gleiche Strahlungsbilanz Q bei höherem α_L und nichtschmelzender Oberfläche die Energie für die höhere Verdunstung liefern muß, während bei niedrigerem α_L ein Teil von Q zum Schmelzen verfügbar ist; mit 677 cal können nur 1 g Eis verdunstet, aber 8,5 g geschmolzen werden.

Der ϑ_L-Bereich der Dreiecke – der dadurch gekennzeichnet ist, daß in ihm bei größerem α_L bzw. größerer Windgeschwindigkeit die Ablation kleiner ist – ist um so größer, je größer die Globalstrahlung (siehe Abb. 4), je trockener die Luft (siehe Abb. 3 und Tab. 2) und je niedriger der Luftdruck ist (siehe Tab. 2).

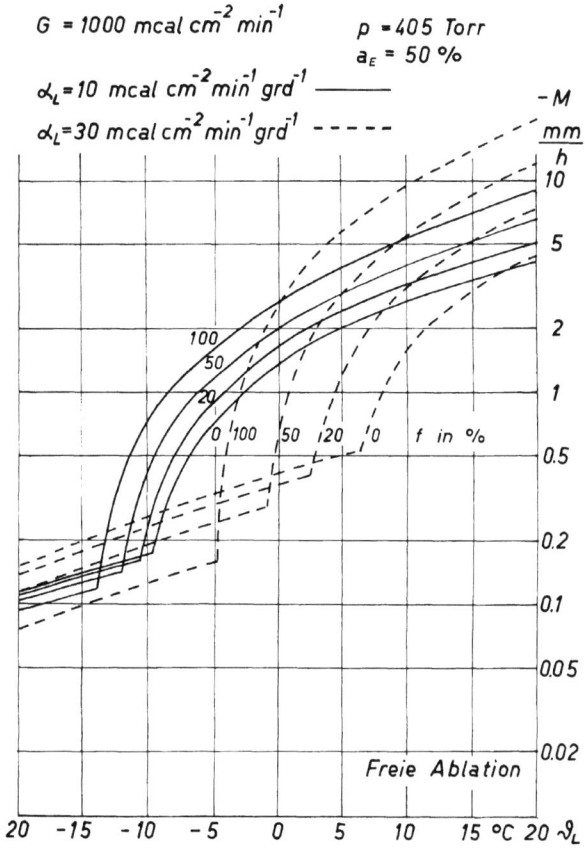

Abb. 3. Freie Ablation (–M) bei verschiedenen Wärmeübergangszahlen α_L zwischen der Luft und der Eisoberfläche. Die Knickpunkte der Kurven bezeichnen den Übergang von der nichtschmelzenden zur schmelzenden Oberfläche

7. Es ist auch möglich, die verschiedenen α_L-Werte bei konstanter Windgeschwindigkeit als Folge verschiedener Durchmesser von quer angeströmten Kreiszylindern oder verschiedener Krümmungsradien von Kanten zu deuten. Je kleiner der Durchmesser ist, um so größer ist bei gleicher Windgeschwindigkeit die Wärmeübergangszahl. Kleinere Ablation bei höherem α_L – wie sie im Lufttemperatur-Bereich der oben erwähnten Dreiecke vorkommt – bedeutet, daß die Kanten um so weniger abgebaut werden, je kleiner ihr Krümmungsradius ist. G. HOFMANN spricht von »kantenförderndem Abbau«. Er findet unter den bei Punkt 6d und e erwähnten Bedingungen statt und ist mitverantwortlich für die Entstehung von Schnee- und Eispenitentes [3, 4]. Nach dem oben Gesagten ist der günstige Lufttemperatur-Bereich für diesen kantenfördernden Abbau und damit für die Penitentes-Bildung um so größer, je höher die Globalstrahlung und je niedriger die relative Luftfeuchtigkeit und der Luftdruck sind.

So können sich Strukturen in einer Schneeoberfläche – gleich ob sie durch den Wind, durch unterschiedliche Albedo, durch rinnendes Wasser (Ackerfurchenschnee) entstanden sind, oder ob es sich um die uneinheitliche Oberfläche eines Lawinenkegels handelt – verstärken, wenn die bei 6d und e beschriebenen Effekte vorliegen. Die Strukturen werden abgebaut und flacher, wenn bei schmelzender Oberfläche $L+V>0$ ist; das bedeutet gleichzeitig, daß die in 2m Höhe (siehe Bemerkungen zu Gl. (5)) gemessene Feuchttemperatur $\vartheta'>0°C$ ist.

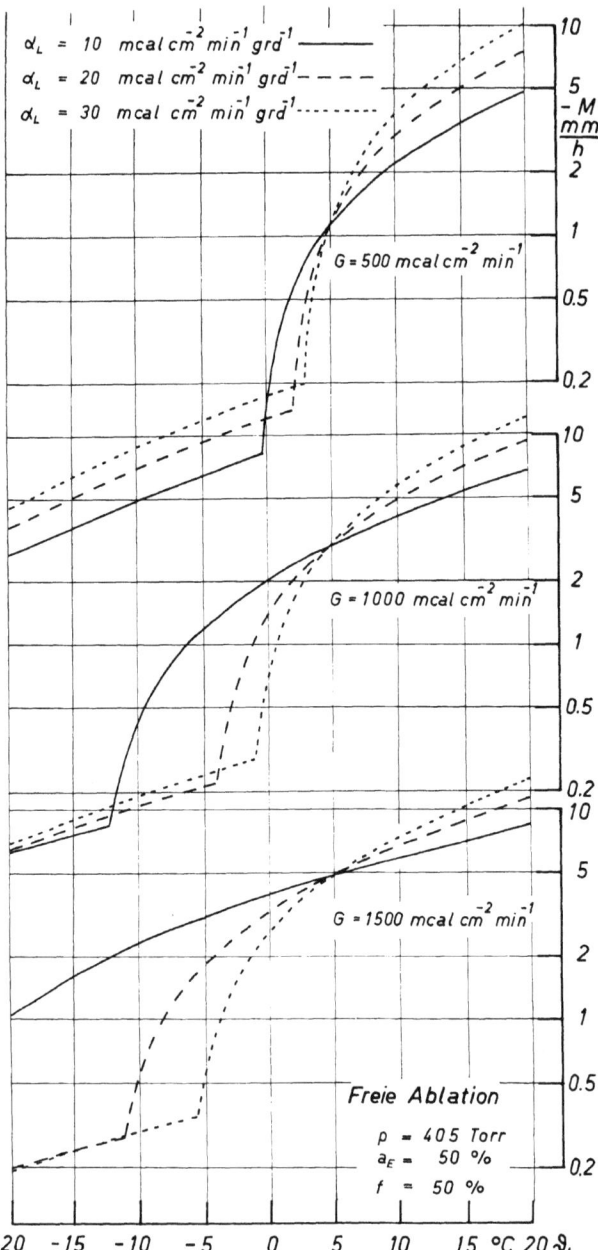

Abb. 4. Freie Ablation (−M) bei verschiedenen Wärmeübergangszahlen α_L und verschiedenen Werten der Globalstrahlung G. Der Lufttemperatur-Bereich, in dem die Ablation mit zunehmendem α_L bzw. größerer Windgeschwindigkeit abnimmt, ist um so größer je größer die Globalstrahlung ist. Die Knickpunkte der Kurven sind an den Stellen, an denen die nichtschmelzende in die schmelzende Oberfläche übergeht

8. Das zehnte dieser Arbeit im Anhang beigefügte Diagramm gilt für G = 0. Dargestellt sind die bedeckte Ablation ohne und mit Kondensation. Bei den anderen Diagrammen ist bei bedeckter Ablation die Oberflächentemperatur im allgemeinen so hoch, daß keine Kondensation stattfindet. Eine Ausnahme davon sind nur die obersten, für große β-Werte gültigen Kurven, bei denen aber durch ⊙ die Lufttemperatur gekennzeichnet wurde, oberhalb deren Wert bei f = 50 % Kondensation einsetzt. Bei G = 0 ist die Strahlungsbilanz bei wolkenlosem Himmel – nur dafür gilt ja Gl. (3) – im allgemeinen negativ und wird durch einen positiven (mit Kondensation verbundenen) Strom latenter Wärme des Wasserdampfes V zum Teil kompensiert. Daher ist bei G = 0 die bedeckte Ablation im allgemeinen auch mit Kondensation verbunden.

Die freie Ablation bei f = 50 % ist durch die +-Zeichen dargestellt, die man sich verbunden denken muß. Bei G = 0 sind kleinere f-Werte als 50 % äußerst selten. Für die freie Ablation bei f = 100 % gilt dieselbe Kurve wie für die bedeckte Ablation mit Kondensation und den Werten f = 100 % und β = ∞. Das folgt aus den Gln. (13) und (24), wenn man G = 0, $-\beta\vartheta_0 = S$ und $\vartheta_0 = 0°C$ setzt.

9. Die Diagramme sind für einen Luftdruck von p = 405 Torr berechnet worden. Dieser Druck entspricht nach der CINA-Atmosphäre einer Höhe von 5000 m über NN. Der Luftdruck hat über das Glied V der Wärmehaushaltsgleichung Einfluß auf die freie Ablation und auf die bedeckte Ablation mit Kondensation. Der Betrag

von V wird um so größer, je kleiner p ist [Gl. (6)]. Je nachdem ob V die Ablation mit fördert oder sie hemmt, nimmt die Ablation mit dem Luftdruck ab oder zu. Die Abb. 5 zeigt für drei Beispiele der freien Ablation, daß sich die Diagramme nicht sehr viel ändern, wenn man sie für p = 526 Torr (das entspricht 3000 m über NN) oder für p = 760 Torr (das entspricht 0 m über NN) berechnet. Jede der drei Kurvenscharen besitzt einen Schnittpunkt bei ϑ_L = 9,9°C, weil bei dieser Lufttemperatur, bei der in Abb. 5 angenommenen Luftfeuchtigkeit von 50 % und bei der Oberflächentemperatur von 0°C der schmelzenden Oberfläche $(e_L - E_0) = (0,5\ E_{LW} - E_0)$ und damit auch V gleich Null werden; in diesem Falle (V = 0) besitzt der Luftdruck keinen Einfluß auf die Ablation.

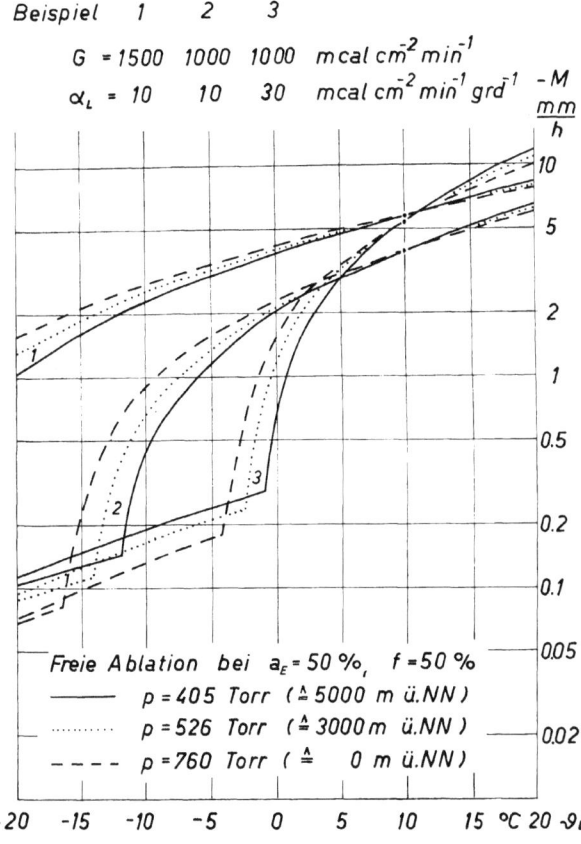

Abb. 5. Freie Ablation (–M) bei verschiedenen Luftdruckwerten p

3. Die Gletscher und die glazialen Kleinablationsformen im Gebiet des Mount Everest

Das Gebiet um den Mount Everest (8848 m) (die Höhenangaben in diesem Kapitel sind der Karte 1957 entnommen) im Mahalangur Himal ist entsprechend seiner Höhenlage sehr stark vergletschert. Die Oberflächen der Hängegletscher, die viele Felswände fast ganz überziehen, sind frei von Moräne. Die Talgletscher hingegen sind teilweise meterdick mit Schutt bedeckt (Obermoräne). Viele von ihnen besitzen kein Akkumulationsbecken, sie beginnen an hohen Felswänden und werden von den Eis-, Schnee- und Schuttmassen, die als Lawinen aus den sie begrenzenden Wänden niedergehen, ernährt. Da der Ursprung dieser Gletscherströme am Fuße der Wände meist unterhalb der Schneegrenze liegt, beginnt dort auch bereits die Bedeckung mit Obermoräne.

Die Abb. 6 zeigt einen Blick auf den Imja-, den Lhotse- und den Lhotse-Nup-Gletscher, die alle kein Akkumulationsbecken besitzen, an steilen Felswänden beginnen und vom Ursprung an mit Schutt bedeckt sind. Die Oberflächen sind äußerst uneben und inhomogen; das kommt auf der Abb. 6 besonders deutlich heraus, weil auf der Obermoräne teilweise Schnee liegt. Verfolgt man den Lhotsegletscher in Abb. 6 weiter nach oben links (nach NNE), so gelangt man schließlich bis zur 3200 m hohen Südwand des Lhotse (8501 m), aus der der Gletscher ernährt wird. Unmittelbar vom Wandfuß an zeigt der Gletscher die auf Abb. 7 gezeigten Unebenheiten, für die man einen Maßstab in der etwa 20 m hohen Seitenmoräne im linken Teil des Bildes besitzt. Die Moränendecke ist in der Höhe des Aufnahmestandortes im Mittel über den Gletscherquerschnitt bereits dicker als 1 m. An einigen Stellen tritt blankes Eis zutage, und in den Mulden bilden sich kleine Seen.

Abb. 6. Blick auf Imja- (von rechts hinten (I) kommend), Lhotse- (von links (L) kommend) und Lhotse-Nup-Gletscher (von links (LN) kommend). Im Hintergrund der Makalu (8470 m) (M). Zwischen Imja- und Lhotse-Gletscher der Island-Peak (6189 m) (P)

Abb. 7. Lhotsegletscher und die 3200 m hohe Südwand des Lhotse im Hintergrund

Die starke Bedeckung der Gletscher mit Schutt ist eine Folge des großen Verhältnisses von Schuttangebot aus den steilen hohen Wänden zum Niederschlag. Die mittlere Jahressumme des Niederschlags ist in diesen Gebieten wahrscheinlich kleiner als 1000 mm. F. MÜLLER [6] hat am Khumbu-Gletscher vom 12. April bis 26. November 1956 nur 390 mm gemessen, das ist die einzige Niederschlagsmessung im Gebiet des Mount Everest über eine längere Zeit! Die Unebenheiten entstehen hauptsächlich durch die unterschiedliche Ablation bei unterschiedlicher Schuttbedeckung – in den Diagrammen durch die unterschiedlichen Wärmedurchgangszahlen β dargestellt. Das bedeckende Material ist teilweise sehr feinkörnig und sandig, es übt daher entsprechend der geringen Wärmeleitfähigkeit und seiner großen Dicke eine große Schutzwirkung auf das darunter liegende Eis aus. Selbst bei einem relativ geringen Angebot an Niederschlägen und hoher, die Ablation fördernder Globalstrahlung, konnten sich unter der das Eis vor Ablation schützenden Obermoräne große Gletscher entwickeln.

Die oben beschriebene starke Schuttbedeckung der Gletscher findet man keineswegs allein im Gebiet des Mount Everest. So schreibt O. MAULL [5, S. 364]: »Zum Extrem steigert sich diese Moränenbedeckung auf den hochasiatischen Gletschern infolge der mächtigen Schuttförderung durch die aus den hohen Gebirgsflanken örtlich fast unablässig niedergehenden Lawinen, zumal wenn die gesamte Gletscheroberfläche unter der Schneegrenze liegt. Am Zemugletscher steigert sich die Schuttmenge von oben nach unten; schon 18 km oberhalb der Zunge ist das Eis vollkommen darunter verschwunden. Der Baltorogletscher im Karakorum liegt auf 50 km unter einer solchen Schuttdecke«. Auch in den Alpen findet man ähnliche Gletscher. So wird z. B. das Ödenwinkelkees (Stubachtal, Hohe Tauern) auch zum großen Teil durch Lawinen ernährt und ist auf weiten Flächen mit Schutt (bis zu 50 cm Dicke bedeckt [7]).

Der Khumbu-Gletscher besitzt im Oberen Khum ein großes Akkumulationsbecken oberhalb der Schneegrenze. Von hier aus fließt das Eis durch den 700 m hohen Eisbruch nach NW, dann biegt der Gletscher nach SSW um. Seinen weiteren Verlauf zeigt Abb. 8. Deutlich sichtbar sind die Seitenmoränen, die rechte periglaziale Umfließungsrinne und die starke Schuttbedeckung. Am linken oberen Ende des im Bilde sichtbaren Teiles des Gletschers weist er eine deutliche Zweiteilung auf: Links (S) kommt aus dem Kar, unterhalb des Lingtren (L) (6697 m) ein mit Schutt bedeckter Gletscher, während rechts (W) die Gletscheroberfläche weiß erscheint. Der rechte Teil besteht aus dem Eis, das über den Eisbruch aus dem Oberen Khum kommt. Die Abb. 9 gibt einen Eindruck von der Obermoräne des Gletschers im rechten Teil der Abb. 8. Auf der kleinen Eiswand, die eine ausgeprägte durch selektive Ablation entstandene Struktur zeigt, steht zum Größenvergleich der Sherpa Tensing. Die stellenweise 40 m hohe Seitenmoräne zeigt die Abb. 10. Man beachte die auf dem Kamm der Moräne gehenden vier Personen (P).

Der in Abb. 8 von ferne sichtbare »weiße Teil« des Gletschers zeigt aus der Nähe betrachtet eine Fülle von glazialen Formen (Abb. 11). Man erkennt zwei in Fließrichtung orientierte Reihen von mächtigen Eistürmen mit einem dazwischen liegenden schwach geneigten Gebiet mit Schutt und Schneeoberflächen. In diesem Gebiet findet man viele Kleinablationsformen, vor allem Eispenitentes, wie sie im Vordergrund des Bildes sichtbar sind.

Die Eistürme sind bis zu 30 m hoch (Abb. 12). Sie verdanken ihre Entstehung dem Auseinanderbrechen der Eismassen im Gletscherbruch. Ihre Abtragung erfolgt nach den Gesetzen der freien Ablation. Kleinräumige Unterschiede in Albedo oder Eisdichte an ihrer Oberfläche führen zu Ansätzen der in der Abbildung deutlich sichtbaren Wabenstruktur. Da die Wärmeübergangszahl im Inneren der Wabe kleiner ist als an der Kante, verstärken sich die Strukturen, wenn entweder die Oberfläche im Inneren schmelzend und an der Kante nicht schmelzend ist oder wenn bei überall schmelzender Oberfläche $L + V < 0$ ist (siehe Kapitel 2 B Punkte 6 und 7). Messungen der Lufttemperatur ϑ_L und der Feuchttemperatur ϑ' in 2 m Höhe über der Bodenoberfläche im weißen Teil des Khumbu-Gletschers am 5. und 6. Mai 1963 mittags – an diesen Tagen wurden auch die Abb. 11 bis 23 aufgenommen – ergaben ϑ_L-Werte zwischen $+2,0$ und $-1,0°C$ und ϑ'-Werte zwischen $-3,0$ und $-5,6°C$. Die Oberflächen der Eistürme waren größtenteils schmelzend. Da das Wetter dieser beiden Tage für die Jahreszeit normal war, konnten sich also die wabenförmigen Strukturen weiter vertiefen.

Abb. 8. Khumbu-Gletscher von dem 5245 m hohen Felsengipfel westlich seiner Endmoränen aus. Der »weiße Teil« (W) (er liegt 5300 bis 5400 m üb. NN) des Gletschers besteht aus Eis, das über den Eisbruch aus dem Oberen Khum kommt. Oberes Khum und Eisbruch liegen hinter dem Nuptse (N), dessen Felsaufbau rechts oben im Bilde sichtbar ist. Links oben der 6697 m hohe Lingtren (L). Aus dem Kar rechts von diesem Berg fließt ein mit Schutt bedeckter Gletscher (S)

Abb. 9. Im schuttbedeckten Teil des Khumbu-Gletschers. Über der kleinen Eiswand steht der Sherpa Tensing (T)

Abb. 10. Seitenmoräne des Khumbu-Gletschers, über die vier Personen (P) gehen. In Wolken der Pumo Ri (7145 m)

Abb. 11. Der auf Abb. 8 »weiße Teil« des Khumbu-Gletschers mit Eistürmen (links und rechts), Eispenitentes (vorne) und schwach geneigten Schutt- und Schneeoberflächen. Blick nach SSW zum Taboche (T) (6542 m)

Ähnliche wabenförmige Oberflächenstrukturen wie die Eistürme zeigen in vielen Teilen der Erde [9] auch Felsengesteine. Auch hier kann die Wirkung der Wärmeübergangszahl beim Wachsen dieser Kleinformen mitbeteiligt sein. Da die Wärmeübergangszahl an den die Waben begrenzenden Kanten größer ist als im Wabeninneren, steigt bei positiver Strahlungsbilanz die Oberflächentemperatur im Inneren höher an, bei negativer Strahlungsbilanz sinkt sie tiefer ab. Die Folge davon ist, daß die Schwankung der Gesteinsoberflächen-Temperatur und damit auch die mechanische Verwitterung im Innern der Waben größer ist als an ihren Grenzen. Man sieht das auch mit Hilfe der Wärmehaushaltsgleichung (1) leicht ein. Diese lautet unter stationären Verhältnissen (B = 0) für die trockene Gesteinsoberfläche

$$Q + L = 0 \; oder \; Q + \alpha_L \left(\vartheta_L - \vartheta_0 \right) = 0. \tag{31}$$

Bei gleicher positiver oder negativer Strahlungsbilanz Q an der Kante und im Wabeninneren weicht die Oberflächentemperatur $\vartheta_0 = \vartheta_L + Q/\alpha_L$ um so weniger von der Lufttemperatur ϑ_L ab, je größer α_L ist.

Die im weißen Teil des Khumbu-Gletschers beobachteten Büßerschneeformen (Penitentes) stehen entweder in großer Zahl eng beieinander (Abb. 15 und 16), oder es sind einzelstehende Gebilde, die sehr eindrucksvoll aus den schuttbedeckten Flächen emporragen (Abb. 17). Sie bestehen aus Eis – es handelt sich also um Büßereis, Eispenitentes oder Zackeneis –, das durch die Schuttdecke hindurch in Verbindung mit dem darunterliegenden Gletschereis steht. Das ließ sich durch Zerstören der Formen leicht feststellen. Die umliegende Schuttdecke ist sehr dünn, im Mittel nur 5–10 cm, und besteht weniger aus lockerem Sand als aus grobem Felsschutt. Gerade diese dünne Bedeckung ist – im Gegensatz zu den dicken Schuttdecken auf dem unteren Khumbu-Gletscher, dem Imja- und dem Lhotsegletscher – günstig für die Bildung von Kleinablationsformen. Denn nicht nur die Ablation unter dieser dünnen Decke ist sehr groß, sondern auch die Unterschiede der Ablation bei unterschiedlicher Bedeckung sind erheblich. Am Beispiel der Abb. 1 kann man bei $\vartheta_L = 0°C$ ablesen, daß bei β = 30 mcal cm^{-2} min^{-1} grd^{-1} (–M) = 2,6 mm h^{-1} beträgt; bei doppelter Schichtdicke entsprechend β = 15 mcal cm^{-2} min^{-1} grd^{-1} ist (–M) = 1,75 mm h^{-1}. Bei β = 0,6 bzw. 0,3 mcal cm^{-2} min^{-1} grd^{-1} ist (–M) = 0,105 bzw. 0,053 mm h^{-1}. Bei den kleinen Schichtdicken bringt die Verdoppelung einen Unterschied von 0,85 mm h^{-1}, bei den großen Schichtdicken einen Unterschied von nur 0,052 mm h^{-1} in der Ablation. Da im »weißen Teil« des Khumbu-Gletschers neben der dünnen die Ablation stark fördernden Schutt-Bedeckung auch schneebedeckte Flächen vorhanden sind, wird hier der Unterschied zwischen freier und bedeckter Ablation äußerst wirksam. Gerade dieser Effekt ist die Ursache für die hier entstehenden Eispenitentes. Das soll im Folgenden an den Abb. 18 bis 23 näher erläutert werden. Die Bilder wurden alle am 5. und 6. Mai 1963 aufgenommen. Es war möglich, an diesen Tagen alle Phasen der Entstehung der Eispenitentes zu beobachten.

Die Abb. 18 zeigt die Wirkung der freien und bedeckten Ablation. Von den Winterschneefällen her sind Schneeflecken übrig geblieben. Die Ablation unter der dünnen Schuttdecke ist wesentlich größer als die freie Ablation des Schneefleckens. Daher sinkt dessen schuttbedeckte Umgebung ab und unter dem Schneeflecken wird ein Eissockel herauspräpariert, der deutlich von unten nach oben die Schichtung, Gletschereis, dünne Schuttdecke, Schnee erkennen läßt. Für die 5 bis 10 cm dicke vorwiegend aus grobem Felsschutt bestehende Bedeckung kann man die Wärmedurchgangszahl β = 30 mcal cm^{-2} min^{-1} grd^{-1} annehmen. Messungen der Lufttemperatur ϑ_L und der Feuchttemperatur ϑ' in 2 m Höhe über der Bodenoberfläche im weißen Teil des Khumbu-Gletschers am 5. und 6. Mai 1963 mittags ergaben ϑ_L-Werte zwischen +2,0 und –1,0°C und ϑ'-Werte zwischen –3,0 und –5,6°C, woraus sich Werte für die relative Luftfeuchtigkeit f zwischen 30 und 60% errechnen lassen. Die Stundenmittel der Globalstrahlung G im benachbarten Tal des Imja-Khola – dort war eine vollständige Wärmehaushaltsstation in Betrieb – lagen am 5. Mai von 9 bis 16 Uhr über 1000 mcal cm^{-2} min^{-1} und von 10 bis 14 Uhr über 1500 mcal cm^{-2} min^{-1}. Bei besonders günstiger Stellung der stark reflektierenden Cumulus-Wolken wurden in Einzelmessungen 2000 mcal cm^{-2} min^{-1} überschritten. Die Windgeschwindigkeit v in 2 m Höhe über dem Khumbu-Gletscher betrug etwa 4 m s^{-1}. Da der Schnee sehr rein war, kann seine Albedo a_E mit 70% angenommen werden. Für ϑ_L =

FREIE UND BEDECKTE ABLATION

Abb. 13. Eistürme mit Lingtren (6697 m)

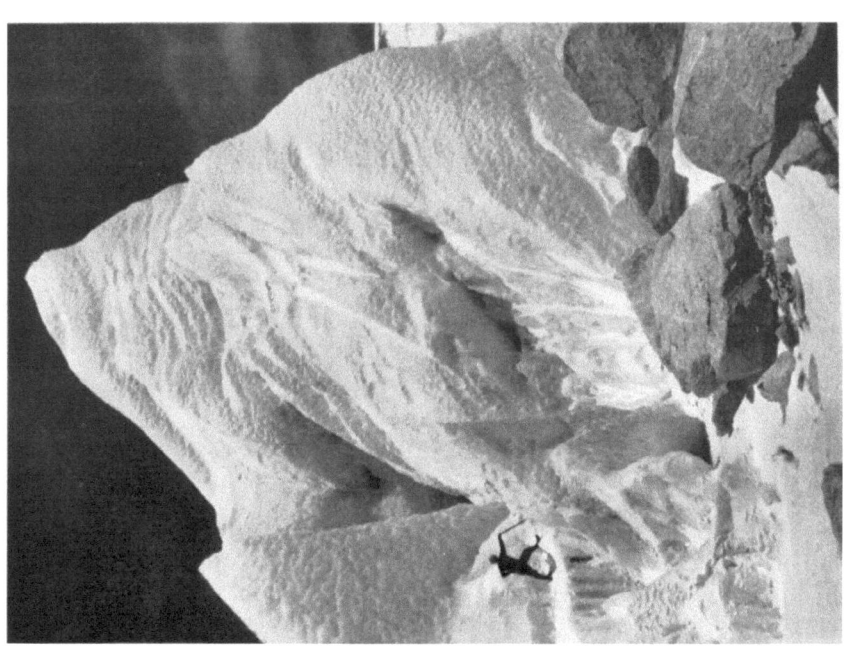

Abb. 12. Eisturm mit deutlicher Wabenstruktur

Abb. 14. An der Entstehung dieses Loches (mittlerer Durchmesser etwa 1 m) hat die freie Ablation sicher mitgewirkt, siehe auch Abb. 13

Abb. 15. Eistürme und Penitentesfelder auf dem Khumbu-Gletscher. Höhe der Büßereisformen 1–2 m. Im Hintergrund der Lho La (6006 m) (La heißt Paß). Über ihn verläuft die Grenze zwischen Nepal und Tibet

FREIE UND BEDECKTE ABLATION

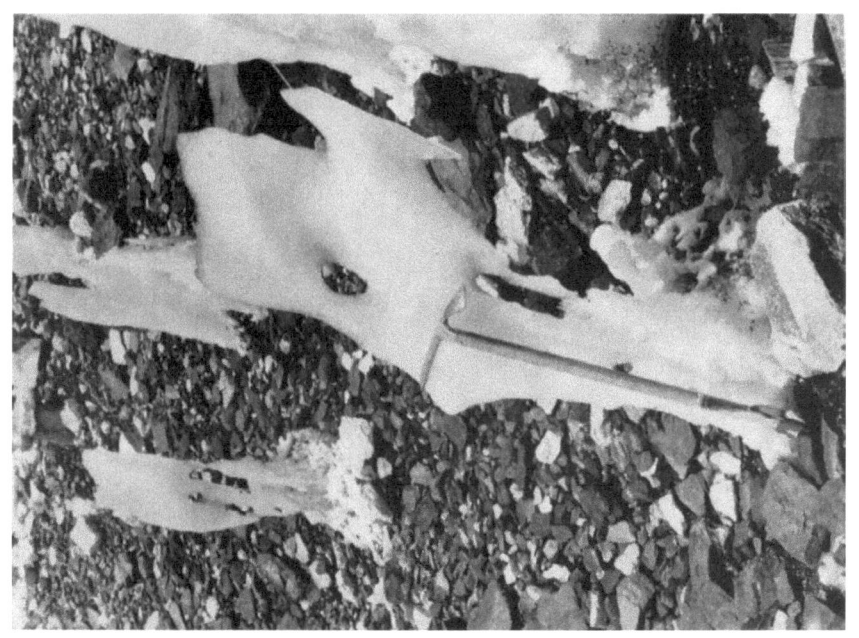

Abb. 17. Einzelstehende Eispenitentes (Zackeneis). Höhe des Eispickels 90 cm

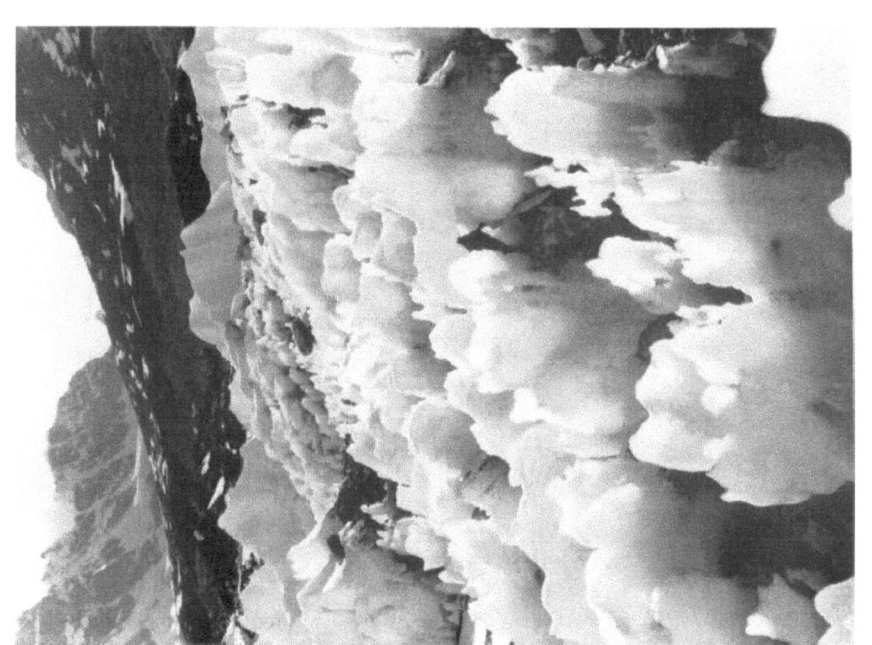

Abb. 16. Eistürme und Penitentesfeld auf dem Khumbu-Gletscher. Höhe der Bußereisformen 1–2 m

Abb. 18. Freie und bedeckte Ablation auf dem Khumbu-Gletscher. Die Ablation des Eises unter der dünnen Schuttdecke ist wesentlich größer als die freie Ablation des Schneefleckens. Daher sinkt die Umgebung des Schneefleckens ab

Abb. 19. Ein durch den Unterschied zwischen freier und bedeckter Ablation schon etwa 40 cm hoch herauspräparierter Eisblock

$0°C$, $f = 50\%$, $\beta = 30$ mcal cm^{-2} min^{-1} grd^{-1}, $a_B = 20\%$, $a_E = 70\%$, $p = 405$ Torr ($\triangleq 5000$ m über NN) und $\alpha_L = 20$ mcal cm^{-2} min^{-1} grd^{-1} ($\triangleq v = 4$ ms^{-1}, siehe Kapitel 2 B Punkt 5) beträgt die bedeckte Ablation bei $G = 1500$ mcal cm^{-2} min^{-1} 4,2 mm h^{-1} und in 4 Stunden 17 mm, bei $G = 1000$ mcal cm^{-2} min^{-1} 3,1 mm h^{-1} und in 3 h 9 mm; für den 5. Mai 1963 von 9 bis 16 Uhr kann man also mit mehr als 26 mm rechnen. Die Ablationsbeträge sind den Diagrammen entnommen worden. Die auf Abb. 18 sichtbare Stufe zwischen der Schuttoberfläche und dem Schutt im herauspräparierten Block mißt an der höchsten Stelle 25 cm (Länge des Eispickels 90 cm). Sie ist in etwa 10 Tagen entstanden, weil die Ablationsbedingungen in dieser Zeit ähnlich denen am 5. Mai waren. Die freie Ablation beträgt bei $G = 1500$ mcal cm^{-2} min^{-1} 1 mm h^{-1} (bei bereits schmelzender Oberfläche) und bei $G = 1000$ mcal cm^{-2} min^{-1} 0,16 mm h^{-1} (bei nichtschmelzender Oberfläche, s. Abb. 1), wenn man die oben für ϑ_L, f, a_E, α_L und p angegebenen Werte zugrunde legt. Für den 5. Mai von 9 bis 16 Uhr ergibt sich daraus eine freie Ablation von mehr als 4,6 mm Wasserschichtdicke oder bei einer angenommenen Schneedichte von 0,5 g cm^{-3} eine Abtragung von 1 cm der Schneedecke. Vom Betrag der freien Ablation hängt es ab, wie lange die Schutzwirkung durch die aufliegende Schneedecke noch andauert. Die Bedingungen für ein weiteres Herauspräparieren des Eisblocks sind um so günstiger, je niedriger die Lufttemperatur ist – dann bleibt die Schneeoberfläche nichtschmelzend –, um so ungünstiger je höher die Lufttemperatur ist – dann nimmt die freie Ablation bei schmelzender Oberfläche rasch zu, siehe Abb. 1.

Die Abb. 19 zeigt eine Stufe von 40 cm Höhe, zu deren Entstehung nach der obigen Abschätzung 2 Wochen genügt haben dürften. Die Schneeauflage von etwa 10 cm gibt bei gleichen Bedingungen wie am 5. Mai noch für eine weitere Woche Schutz, in der der Block dann auf 60 cm Höhe wachsen kann. Diese Abschätzungen sind mit Hilfe der für stationäre Verhältnisse berechneten Ablationsbeträge durchgeführt worden. Das ist sicher erlaubt, wenn man – wie es hier geschehen ist – die Morgen- und Abendstunden nicht in Betracht zieht.

Auf der Abb. 20 erkennt man unter anderem eine entsprechend den oben geschilderten Vorgängen herauspräparierte Rippe, über die der Sherpa Tensing (T) gerade hinaufsteigt. Wird diese Rippe nun schneefrei, dann liegt die dünne Schuttschicht, die ehemals in Verbindung stand mit der umliegenden Schuttdecke, an der Oberfläche. Der Schutt rutscht dann entweder gleich ab oder er verursacht durch seine unterschiedliche Dicke eine selektive Ablation der Rippe und eine Auflösung in einzelne Eisformen, von denen in den meisten Fällen das bedeckende Material früher oder später abrutscht. Damit ist die Bildung der Eispenitentes vollzogen. Auch die Zackeneisformen oben rechts in Abb. 20 sind durch den Unterschied zwischen freier und bedeckter Ablation entstanden. Wahrscheinlich hat dort nur sehr wenig Schutt gelegen, der keine einheitliche Decke gebildet hat, so daß stellenweise das blanke Eis hervortrat. Das Einschmelzen des bedeckenden Materials hat dann zur Auflösung des Eises in die vielen wilden Zacken geführt.

Die weitere Entwicklung der so entstandenen Eispenitentes führt zu den sonderbarsten Formen, wie die Abb. 21 bis 23 zeigen. Die Erhaltung der Formen ist teilweise wieder durch den Unterschied zwischen freier und bedeckter Ablation bedingt, denn die mit dünnem Schutt bedeckte Umgebung sinkt rasch weiter ab, während das freie Eis der Penitentes an der Oberseite eine geringere Ablation aufweist. Dadurch »wachsen« die Büßereisformen noch höher über ihre Umgebung hinaus. Durch die freie Ablation werden die Eisformen dünner. Dabei ist der Effekt des kantenfördernden Abbaues (siehe Kapitel 2 B, Punkt 7) mitbeteiligt an der Erhaltung. Denn mit kleiner werdenden Krümmungsradien wachsen bei gleichbleibender Windgeschwindigkeit die Wärmeübergangszahlen α_L. Damit nimmt unter sonst gleichen Verhältnissen die Ablation ab, wenn die in Kapitel 2 B bei Punkt 6d und e erwähnten Bedingungen vorliegen.

Die auf dem Khumbu-Gletscher beobachteten Eispenitentes verdanken ihre Entstehung also dem Unterschied zwischen freier und bedeckter Ablation, ihre Erhaltung außerdem noch dem Effekt des kantenfördernden Abbaues.

Auf den anderen während der Expedition besuchten Gletschern im Gebiet des Mount Everest (Imja-, Lhotse-, Lhotse-Nup-, Nuptse- und Ama Dablam-Gletscher) wurden mit einer Ausnahme keine Penitentes beobachtet. Alle diese Gletscher sind mit dicken Schuttmassen bedeckt. Lediglich

Abb. 20. Zur Bildung von Eispenitentes auf dem Khumbu-Gletscher. Über die herauspräparierte Rippe in der Bildmitte steigt der Sherpa Tensing (T) hinauf

Abb. 21. Eispenitentes auf dem Khumbu-Gletscher

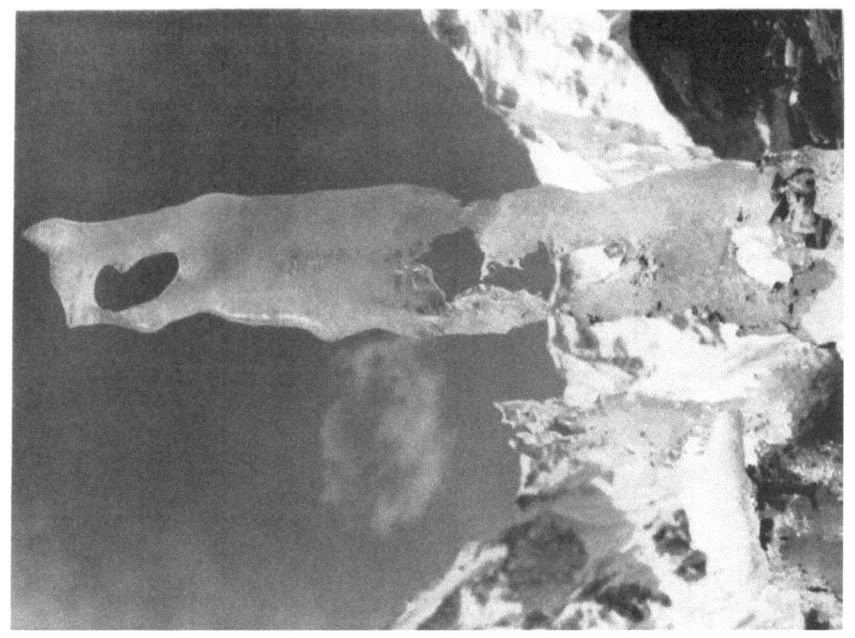

Abb. 23. Alte, sterbende Penitentes-Form
Aufnahme: K. HÄCKL

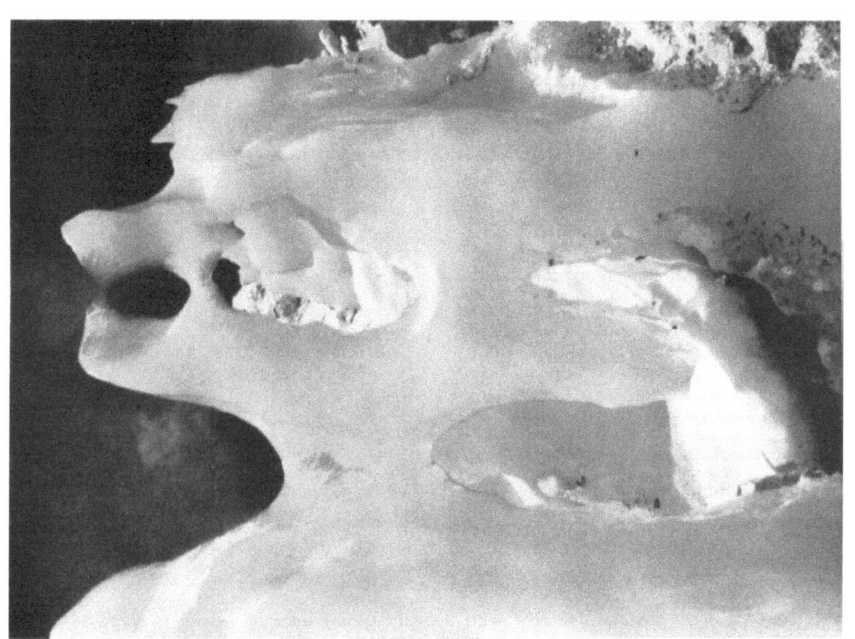

Abb. 22. Zu Büßereis erstarrtes Liebespaar.
Unten abfließendes Schmelzwasser

an wenigen Stellen des Imja-Gletschers bildeten sich Schnee-Penitentes (Abb. 24, aufgenommen am 30. März 1963). Sie entstanden aus dem zum größten Teil am 9. und 10. März gefallenen Schnee am Hang der Seitenmoräne, die sehr viel trockenen feinen Sand enthielt. Der von oben in den Schnee gefallene Sand führte zur Auflösung der Schneeoberfläche in Büßerschnee durch den Unterschied zwischen freier und bedeckter Ablation.

Abb. 24. Schneepenitentes am Abhang einer sandigen Seitenmoräne des Imja-Gletschers

An allen anderen Stellen, so vor allem auf größeren ebenen Flächen, wie sie etwa auf der Alp Chukhung zu finden sind, war die Ablation der ebenen Schneeflächen einheitlich, obwohl die meteorologischen Bedingungen zur Verstärkung einmal vorhandener Strukturen (siehe Kapitel 2B, Punkte 6 und 7) günstig waren. Es fehlten auf den äußerst homogenen Schneeflächen jedoch die Ursachen, die die Ansätze für solche Strukturen schaffen konnten.

Literatur

1. Eckert, E., 1959: Einführung in den Wärme- und Stoffaustausch. 2. Aufl., Springer-Verlag.
2. Geiger, R., 1961: Das Klima der bodennahen Luftschicht. 4. Aufl., Verlag Friedr. Vieweg & Sohn, Braunschweig.
3. Hofmann, G., 1963: Zum Abbau der Schneedecke. Arch. Met. Geoph. Biokl. B *13*: 1–20.
4. Hofmann, G., 1965: Zur Rolle des Wärmehaushaltes bei der selektiven Ablation. Carinthia II, 24. Sonderheft, Bericht über die 8. Internationale Tagung für Alpine Meteorologie 1964: 259–266.
5. Maull, O., 1958: Handbuch der Geomorphologie. Verlag Franz Deuticke, Wien.
6. Müller, F., 1958/59: Acht Monate Gletscher- und Bodenforschung im Everestgebiet. Berge der Welt, *12*: 199–216.

7. SLUPETZKY, W. und H., 1963: Die Veränderungen des Sonnblick-, Ödenwinkel- und Unteren Riffelkeeses in den Jahren 1960–1962. Wetter und Leben, *15*: 60.–72.

8. TROLL, C., 1942: Büßerschnee in den Hochgebirgen der Erde. Ergänzungsheft Nr. 240 zu Petermanns Geogr. Mitt.

9. WILHELMY, H., 1958: Klimamorphologie der Massengesteine. Georg-Westermann-Verlag, Braunschweig.

10. LINKES METEOROLOGISCHES TASCHENBUCH, 1953, II. Band, Akad. Verlagsges. Geest & Portig KG, Leipzig.

11. EBSTER, F. und SCHNEIDER, E., 1957: Chomolongma-Mount Everest, Karte im Maßstab 1:25000, herausgegeben vom Deutschen Alpenverein, vom Österreichischen Alpenverein und von der Deutschen Forschungsgemeinschaft (Aufnahme 1955).

Anschrift des Verfassers:

Dr. HELMUT KRAUS, METEOROLOGISCHES INSTITUT DER UNIVERSITÄT MÜNCHEN, 8 MÜNCHEN 13, AMALIENSTRASSE 52/III

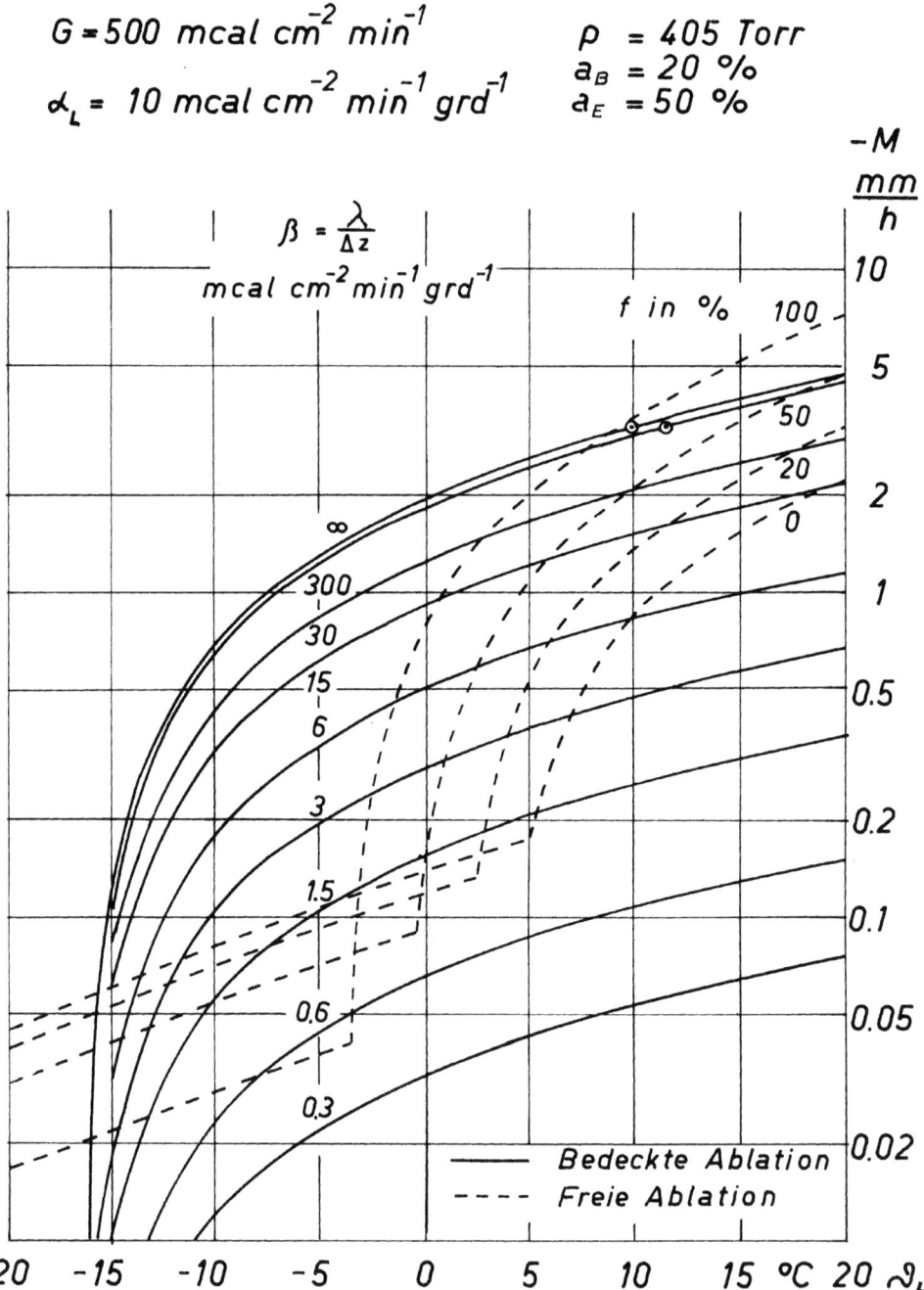

Freie und bedeckte Ablation (–M). M = Zunahme der Eismasse in der Zeiteinheit angegeben in der entsprechenden Schichtdicke des Wassers, ϑ_L = Lufttemperatur, G = Globalstrahlung, α_L = Wärmeübergangszahl, p = Luftdruck, a_B = Albedo des bedeckenden Materials, a_E = Eisalbedo, β = Wärmedurchgangszahl des bedeckenden Materials, f = relative Luftfeuchtigkeit. Die Berechnung der Kurven erfolgte nach den Gleichungen des 1. Kapitels

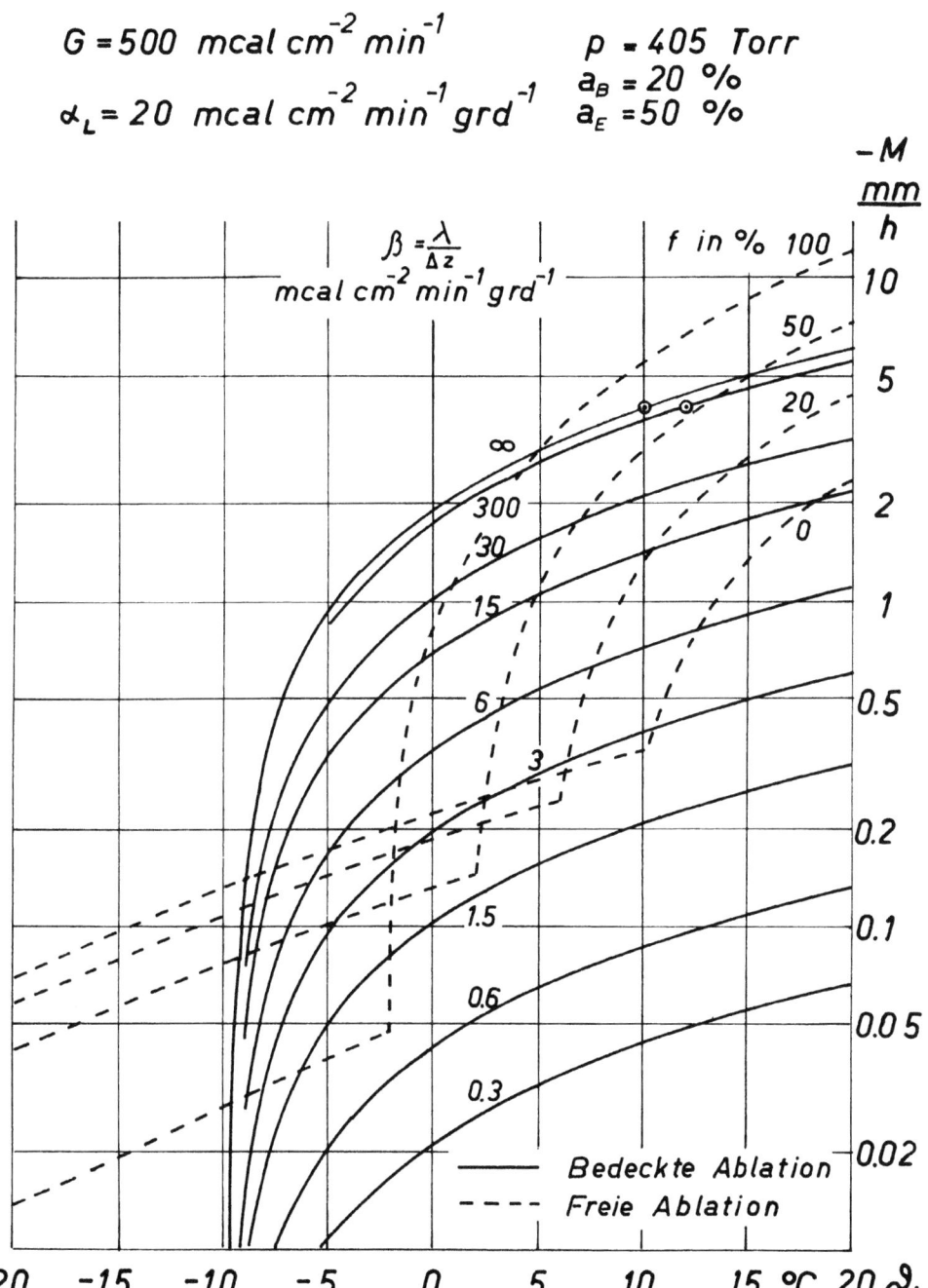

Freie und bedeckte Ablation (−M). M = Zunahme der Eismasse in der Zeiteinheit angegeben in der entsprechenden Schichtdicke des Wassers, ϑ_L = Lufttemperatur, G = Globalstrahlung, α_L = Wärmeübergangszahl, p = Luftdruck, a_B = Albedo des bedeckenden Materials, a_E = Eisalbedo, β = Wärmedurchgangszahl des bedeckenden Materials, f = relative Luftfeuchtigkeit. Die Berechnung der Kurven erfolgte nach den Gleichungen des 1. Kapitels

Ablationsdiagramm 3

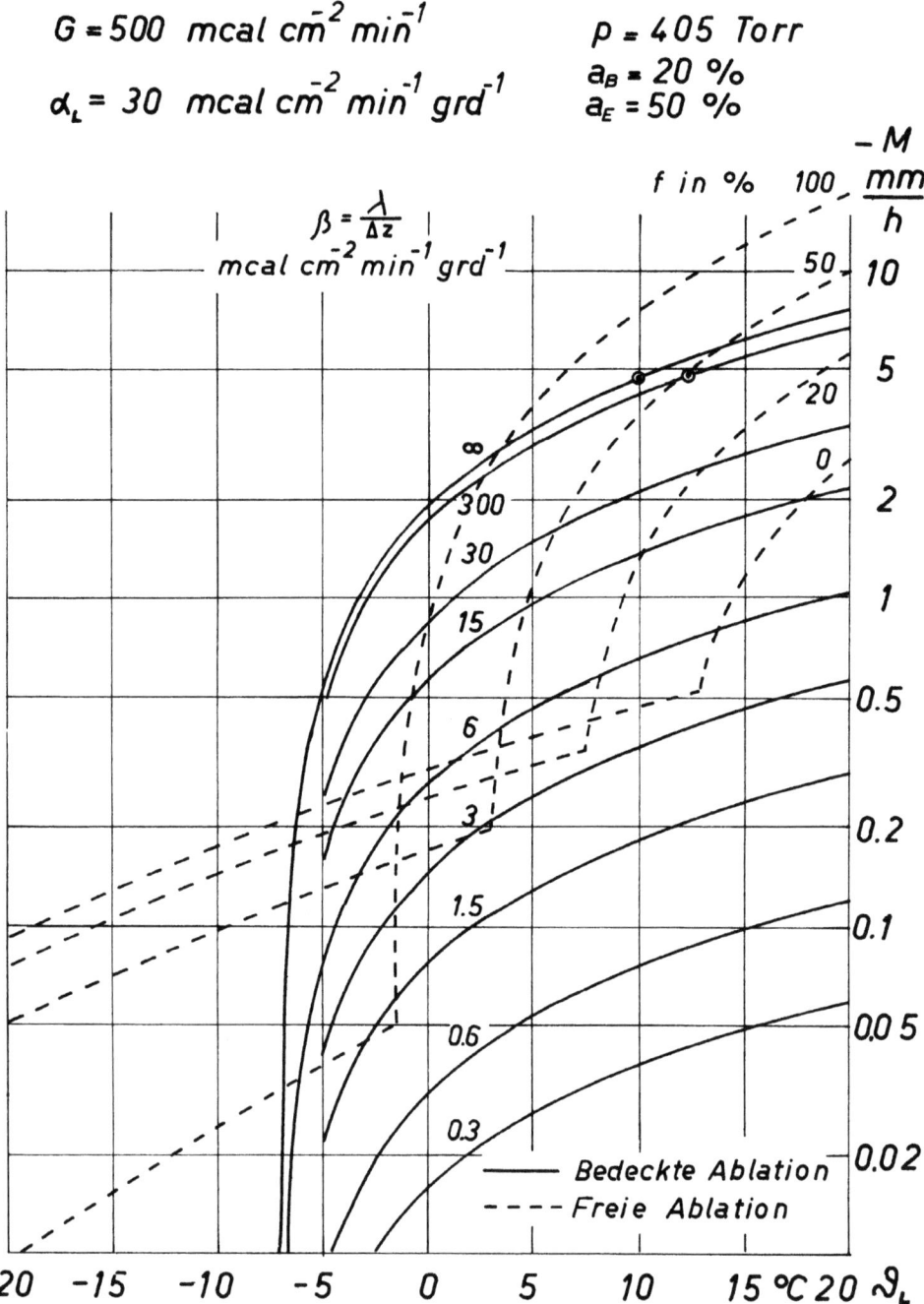

Freie und bedeckte Ablation (−M). M = Zunahme der Eismasse in der Zeiteinheit angegeben in der entsprechenden Schichtdicke des Wassers, ϑ_L = Lufttemperatur, G = Globalstrahlung, α_L = Wärmeübergangszahl, p = Luftdruck, a_B = Albedo des bedeckenden Materials, a_E = Eisalbedo, β = Wärmedurchgangszahl des bedeckenden Materials, f = relative Luftfeuchtigkeit. Die Berechnung der Kurven erfolgte nach den Gleichungen des 1. Kapitels

Khumbu Himal, Liefg. 3
Kraus, Freie und bedeckte Ablation

Ablationsdiagramm 4

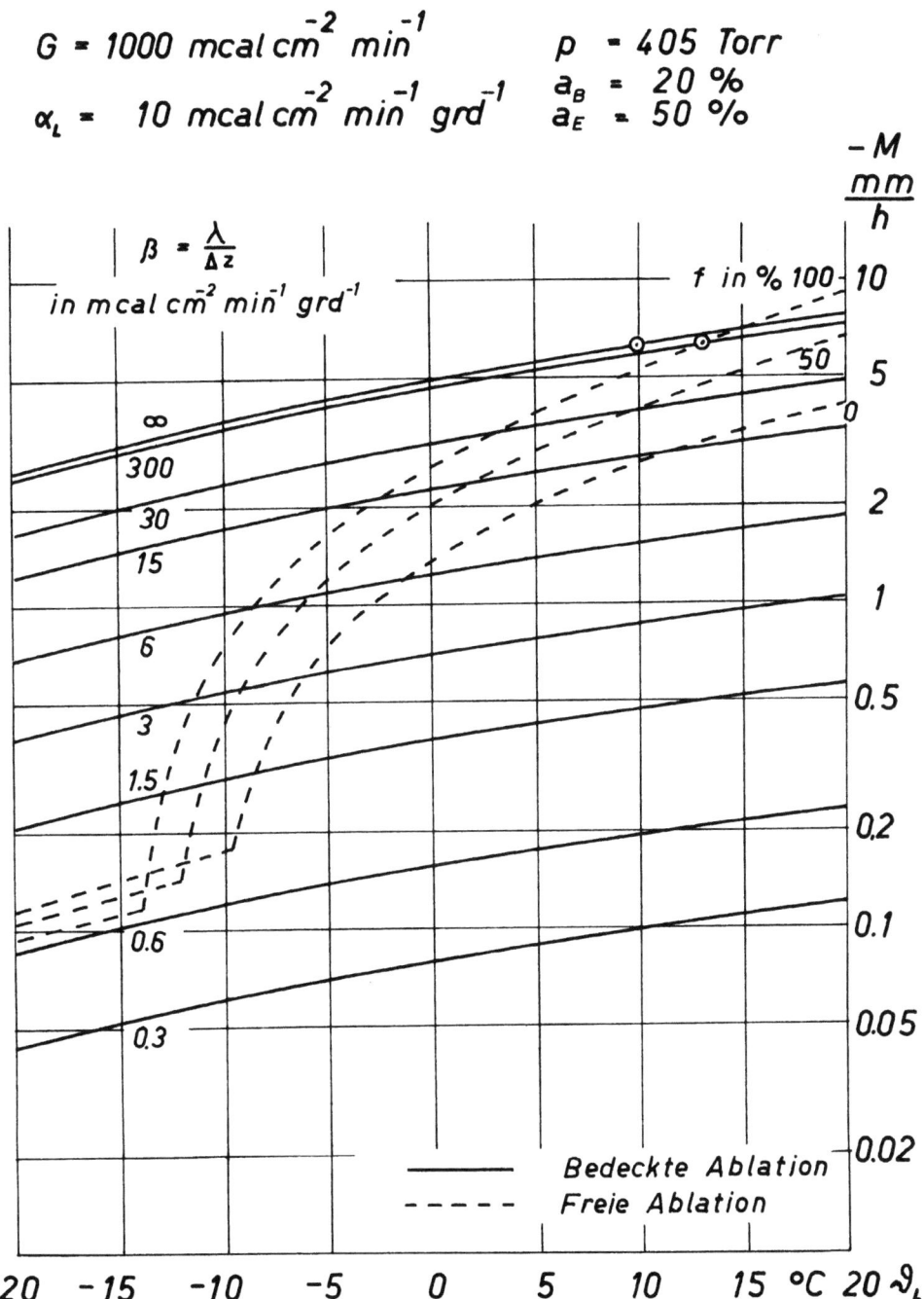

Freie und bedeckte Ablation (−M). M = Zunahme der Eismasse in der Zeiteinheit angegeben in der entsprechenden Schichtdicke des Wassers, ϑ_L = Lufttemperatur, G = Globalstrahlung, α_L = Wärmeübergangszahl, p = Luftdruck, a_B = Albedo des bedeckenden Materials, a_E = Eisalbedo, β = Wärmedurchgangszahl des bedeckenden Materials, f = relative Luftfeuchtigkeit. Die Berechnung der Kurven erfolgte nach den Gleichungen des 1. Kapitels

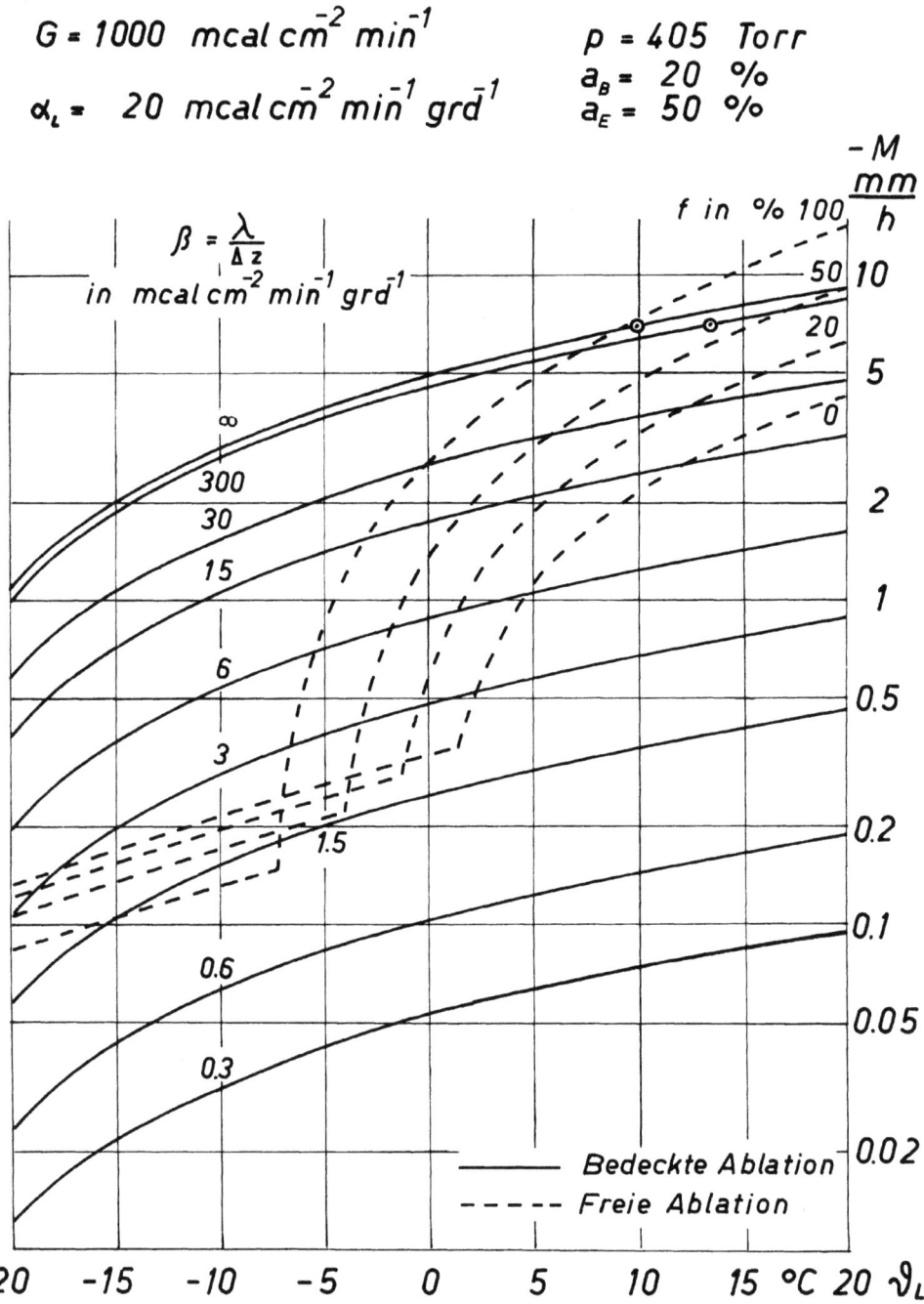

Freie und bedeckte Ablation (–M). M = Zunahme der Eismasse in der Zeiteinheit angegeben in der entsprechenden Schichtdicke des Wassers, ϑ_L = Lufttemperatur, G = Globalstrahlung, α_L = Wärmeübergangszahl, p = Luftdruck, a_B = Albedo des bedeckenden Materials, a_E = Eisalbedo, β = Wärmedurchgangszahl des bedeckenden Materials, f = relative Luftfeuchtigkeit. Die Berechnung der Kurven erfolgte nach den Gleichungen des 1. Kapitels

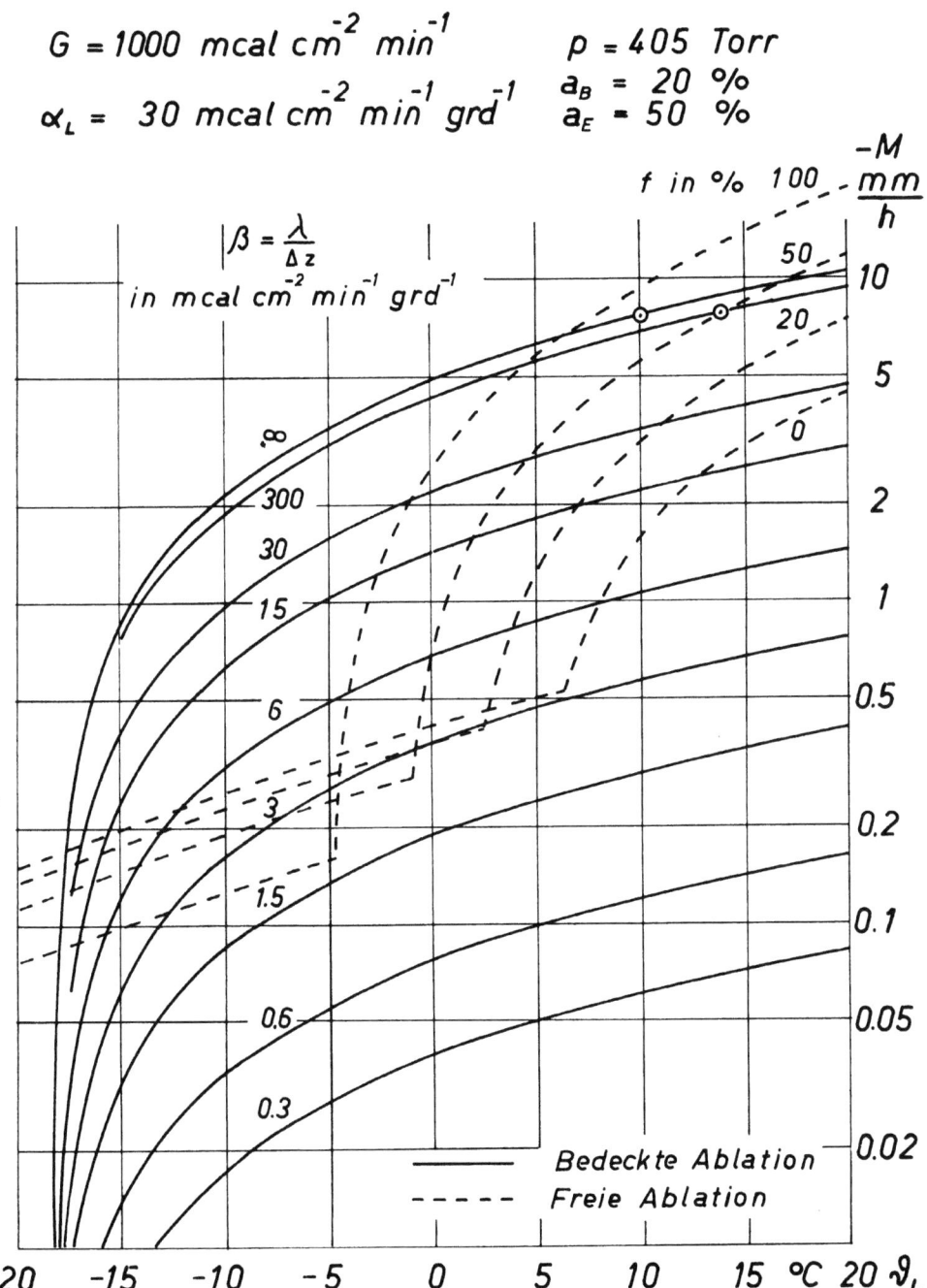

Freie und bedeckte Ablation (−M). M = Zunahme der Eismasse in der Zeiteinheit angegeben in der entsprechenden Schichtdicke des Wassers, ϑ_L = Lufttemperatur, G = Globalstrahlung, α_L = Wärmeübergangszahl, p = Luftdruck, a_B = Albedo des bedeckenden Materials, a_E = Eisalbedo, β = Wärmedurchgangszahl des bedeckenden Materials, f = relative Luftfeuchtigkeit. Die Berechnung der Kurven erfolgte nach den Gleichungen des 1. Kapitels

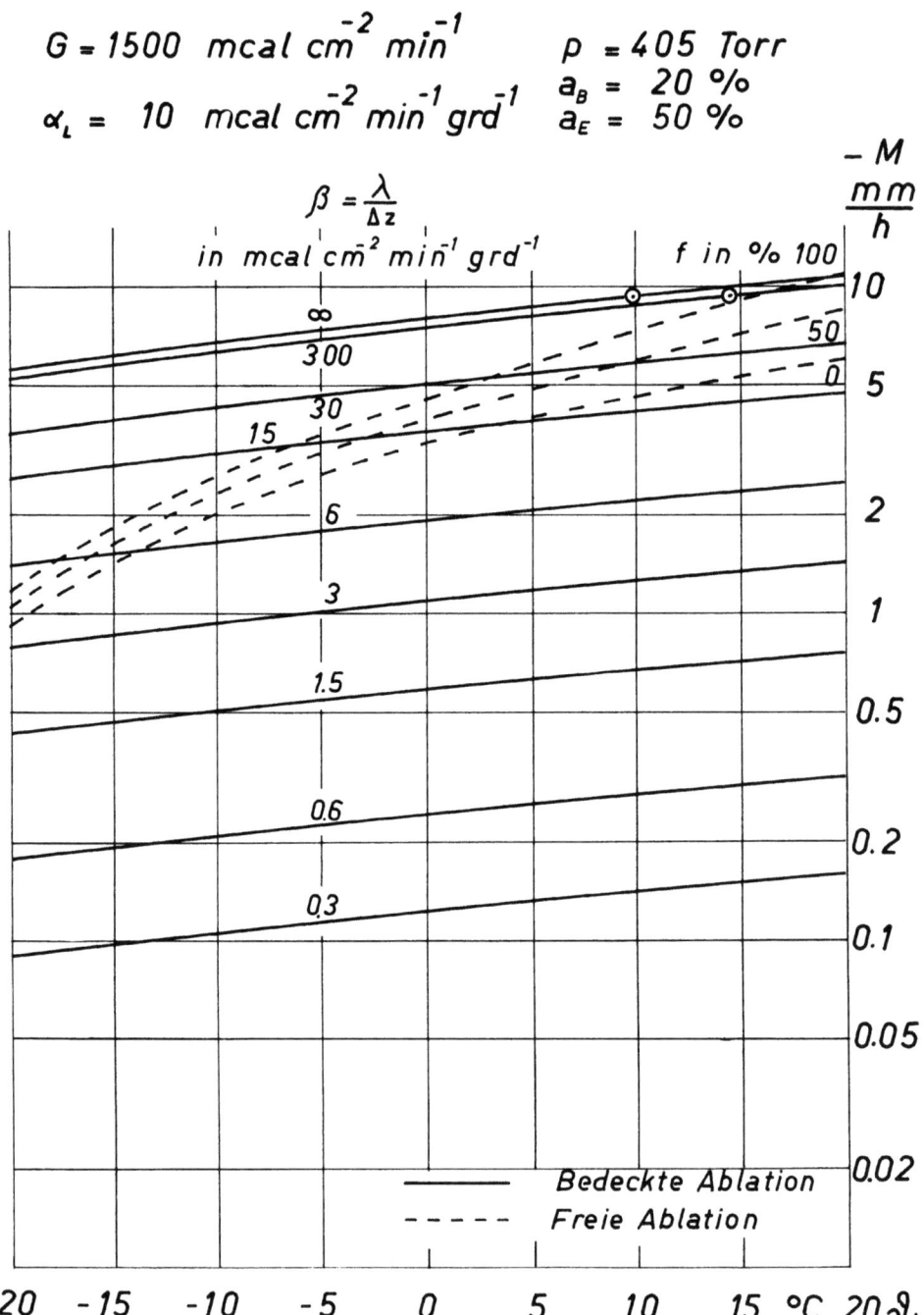

Freie und bedeckte Ablation (–M). M = Zunahme der Eismasse in der Zeiteinheit angegeben in der entsprechenden Schichtdicke des Wassers, ϑ_L = Lufttemperatur, G = Globalstrahlung, α_L = Wärmeübergangszahl, p = Luftdruck, a_B = Albedo des bedeckenden Materials, a_E = Eisalbedo, β = Wärmedurchgangszahl des bedeckenden Materials, f = relative Luftfeuchtigkeit. Die Berechnung der Kurven erfolgte nach den Gleichungen des 1. Kapitels

Ablationsdiagramm 8

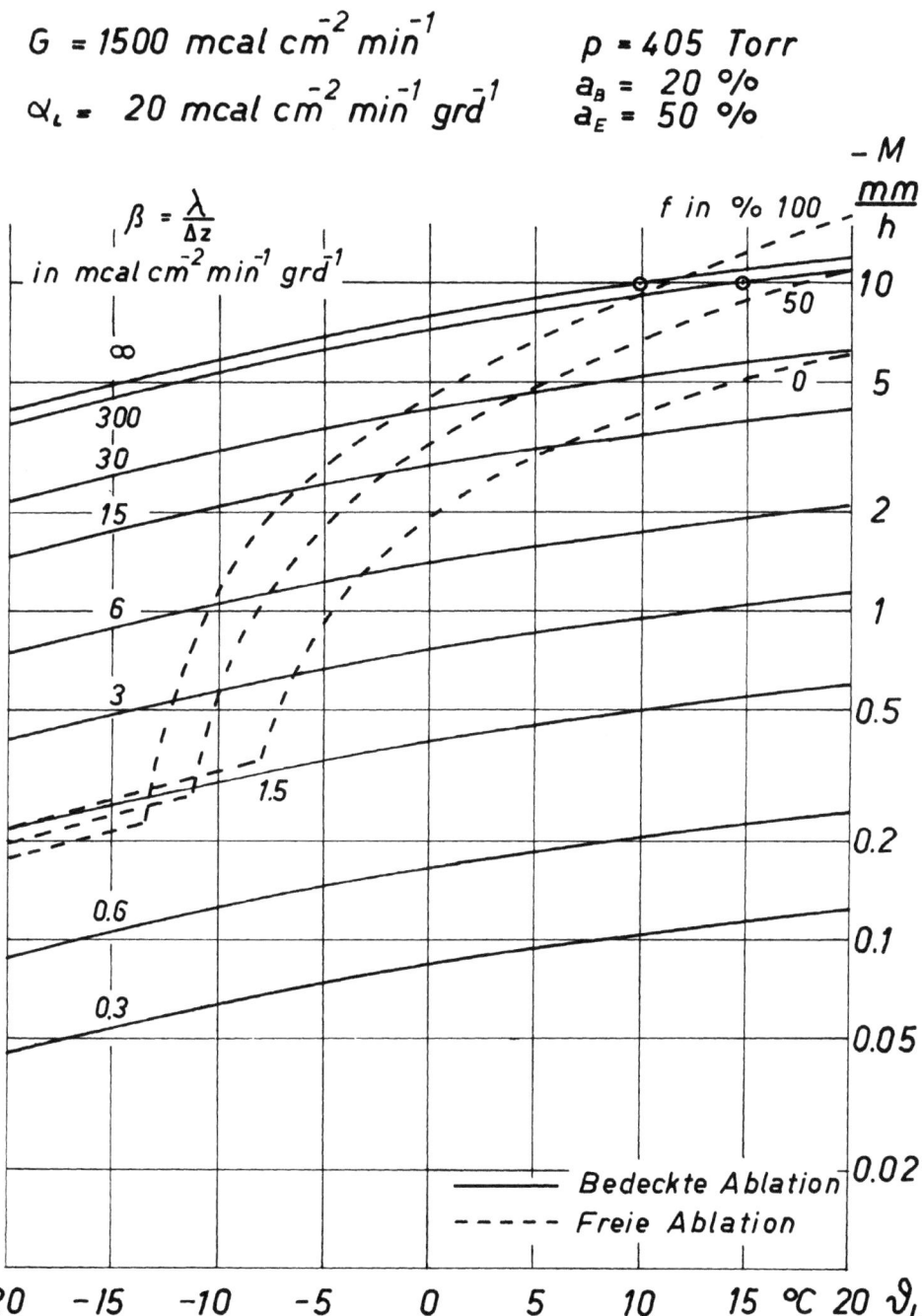

Freie und bedeckte Ablation (−M). M = Zunahme der Eismasse in der Zeiteinheit angegeben in der entsprechenden Schichtdicke des Wassers, ϑ_L = Lufttemperatur, G = Globalstrahlung, α_L = Wärmeübergangszahl, p = Luftdruck, a_B = Albedo des bedeckenden Materials, a_E = Eisalbedo, β = Wärmedurchgangszahl des bedeckenden Materials, f = relative Luftfeuchtigkeit. Die Berechnung der Kurven erfolgte nach den Gleichungen des 1. Kapitels

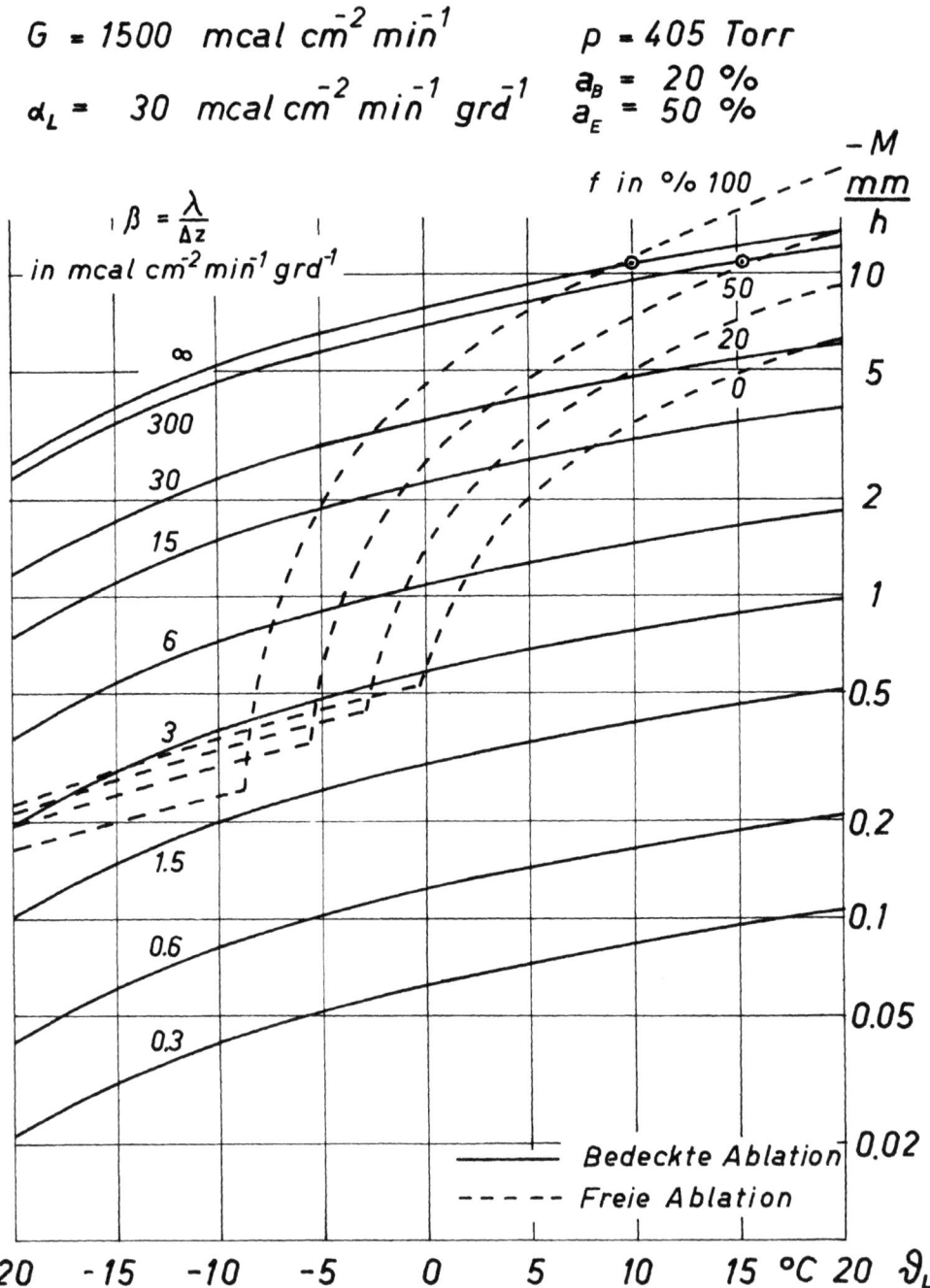

Freie und bedeckte Ablation (–M). M = Zunahme der Eismasse in der Zeiteinheit angegeben in der entsprechenden Schichtdicke des Wassers, ϑ_L = Lufttemperatur, G = Globalstrahlung, α_L = Wärmeübergangszahl, p = Luftdruck, a_B = Albedo des bedeckenden Materials, a_E = Eisalbedo, β = Wärmedurchgangszahl des bedeckenden Materials, f = relative Luftfeuchtigkeit. Die Berechnung der Kurven erfolgte nach den Gleichungen des 1. Kapitels

Ablationsdiagramm 10

$G = 0$ mcal cm^{-2} min^{-1} $p = 405$ Torr
$\alpha_L = 10$ mcal cm^{-2} min^{-1} grd^{-1}

$\beta = \frac{\lambda}{\Delta z}$ in mcal cm^{-2} min^{-1} grd^{-1}

Bedeckte Ablation
— ohne Kondensation
---- mit Kondensation bei f=100%
+ Freie Ablation bei f=50%

Freie und bedeckte Ablation (−M). M = Zunahme der Eismasse in der Zeiteinheit angegeben in der entsprechenden Schichtdicke des Wassers, ϑ_L = Lufttemperatur, G = Globalstrahlung, α_L = Wärmeübergangszahl, p = Luftdruck, β = Wärmedurchgangszahl des bedeckenden Materials, f = relative Luftfeuchtigkeit. Die Berechnung der Kurven erfolgte nach den Gleichungen des 1. Kapitels

MIX
Papier aus verantwortungsvollen Quellen
Paper from responsible sources
FSC® C105338

If you have any concerns about our products,
you can contact us on
ProductSafety@springernature.com

In case Publisher is established outside the EU,
the EU authorized representative is:
**Springer Nature Customer Service Center GmbH
Europaplatz 3, 69115 Heidelberg, Germany**

Printed by Libri Plureos GmbH
in Hamburg, Germany